章 丘 大 葱

张绍迎　主编

山东大学出版社

《章丘大葱》编委会

序

古人关于葱的记载始见于《山海经》："又北百一十里曰边春之山,多葱、葵、韭、桃、李""北单之山无草木,多葱韭"。对于葱的味道,也有记载:"昆仑之丘,有草焉,名曰薲草,其状如葵,其味如葱。"在 2 世纪成书的《四民月令》中,已有"夏葱曰小,冬葱曰大"的描述。而最早种植大葱的地区中就有章丘。可以说,章丘大葱栽培历史悠久,可追溯到《管子》中的记载。大致公元前 681 年,齐国征讨山戎时得到了大葱,并"布之天下",至今已有近 2700 年的历史。章丘大葱以"葱高、白长、脆嫩、味甜"的优良特性,独树一帜。宋代陆文圭在诗中说道:"丹葩信不类苹蒿,雨后常抽绿玉条。此草岂宜弃调食,瘦茎欲比沈郎腰。"对大葱的赞美之情溢于言表。章丘大葱至明代已名扬全国,被明世宗御封为"葱中之王",被嘉靖皇帝定为当朝贡品。女郎山下流传着葱仙女的美丽传说;从绣惠镇走出的全国劳动模范刘廷茂带着大葱进京领奖,受到了周恩来总理的亲切接见;著名作家老舍先生在《到了济南》一文中赞美章丘大葱的葱白:"最美是那个晶亮,含着水,细润,纯洁的白颜色……由不得把它一层层剥开,每一层落下来,都好似油酥饼的折叠……比画图用的白绢还美丽。"可以说,关于章丘大葱的故事代代相传。

近年来,尤其是党的十八大以来,中共章丘区委、区政府切实把"三农工作"作为全区工作的重中之重,并坚持优先发展的战略,大葱等优势特色产业的发展也驶入了快车道。例如,通过大葱目标价格保险、大葱全程机械化等政策措施,加快大葱产业提档升级,逐步走上了一条标准化、机械化、品牌化之路,古老的大葱产业焕发出了新的生机。如今,大葱已成为章丘重要的地理标志和历史文化名片,先后获得"农产品地理标志产品""中国驰名商标""中国重要农业文化遗产""中国名牌农产品"等荣誉,品牌价值超过 150 亿元。2011年,50g 约 2 万粒的优质章丘大葱葱种搭载"神舟八号"飞船升上太空,开展太空育种研究。2014 年,章丘大葱走进 APEC 国宴。就连去北京品尝全聚德烤鸭时,也非得用章丘大葱作作料不可,否则"味不正、味不纯"。在2018年举办的中国·章丘大葱文化旅游节上,"葱小白""葱小玉"两个可爱的葱吉祥物形象首次亮相。同时,章丘大葱还被列入济南市"济南市十大农业特色产品",并重点打造。可以说,章丘大葱已成为全区众多名优农产品中最靓丽的一张名片,也成为农民增收致富的一项重要产业。

纵观章丘大葱发展壮大的过程,得益于其品牌化的推介。作为山东省知名农产品区域公用品牌,我们广搭招商推介平台,每年开展中国·章丘大葱文化节等丰富多彩的宣传活动,以积极开放包容的胸怀,诚邀全国、全世界共商大葱发展大计,取得了良好的宣传效应。实事求是地说,这些年围绕章丘大葱的宣传推介,我们印制了大量的画册、光盘等资料,但缺少一本专门、系统介绍章丘大葱的书籍,实为美中不足。欣闻《章丘大葱》一书即将出版,正好弥补此憾。该书从综合篇、生产篇、文化篇三个方面,系统介绍了章丘大葱的悠久历史、发展历程及人文情怀,是一本既有系统科技栽培知识又有厚重历史文化内涵的好书,对今后全面深入宣传章丘大葱文化,开启章丘大葱发展新篇章,必将起到积极的推进作用。此书的编纂,凝聚了农技推广一线同志大量的心血和汗水,也充分体现出了他们对章丘大葱发展的初心和对全区农业农村事业的热爱。

此序,以示称赞和感谢!

山东省济南市章丘区副区长　滕培汤

前　言

章丘大葱栽培历史悠久,堪称"葱中之王"。目前,章丘大葱种植面积10000hm²,总产量近$6×10^8$kg,总产值6亿多元,品牌价值超过150亿元。

章丘大葱"高、大、脆、白、甜"的特点,不仅与其历经千年优中选优、不断积淀形成的优良种性有关,更与其产地优良的生长环境分不开。章丘大葱离开这一区域,品质和风味大大降低,犹有"橘生淮南则为橘,生于淮北则为枳"的感喟。首先,章丘大葱主产区处于平原地区,地势平坦,土壤肥沃,保水保肥能力强,有机质含量高,中、微量元素丰富,且富含硒元素,利于大葱实现高产优质;其次,章丘大葱主产区灌溉用水主要来自绣江河的"百脉泉"水,泉水清冽、甘甜、无污染,且含多种人体所需的有益微量元素;最后,章丘区属暖温带半湿润性季风气候,气候温和,四季分明,夜间凉爽,昼夜温差大,有利于作物养分的积累。

中共章丘区委、区政府十分重视大葱产业的发展,出台了一系列利好政策,确定了立足市场、面向全国、发展优势产业的特色化、品牌化、标准化、绿色化的发展新思路。在产业发展上,走活了"强化科技创新,增强品牌自我保护意识,落实标准化,推进绿色发展"四步棋,注册了地理标志证明商标,被国家商标局认定为"中国驰名商标"。作为济南市非物质文化遗产项目亮相首届中国非遗博览会,章丘大葱实现了从"本地特产"向"知名品牌"的转变。为了让章丘大葱的名头更加响亮,相关部门积极扩大品牌效应,先后获得绿色、有机食品认证。放眼未来,章丘将充分挖掘章丘大葱文化内涵,发挥"中国驰名商标"的品牌效应,将章丘大葱产业做大做强做优。

本书介绍了章丘大葱历史、现状,重点对章丘大葱的生产技术进行了介绍,并充分挖掘了章丘大葱的文化价值,是第一次对章丘大葱进行全方位描述分析。全书分三部分:第一篇为综合篇,大葱历史、章丘大葱生产现状等;第二篇为生产篇,主产区地力分析、配方施肥、栽培技术、制种技术、病虫防治技术、储存加工技术等;第三篇为文化篇,章丘大葱价值,章丘大葱与名人名家,章丘大葱文学作品,章丘大葱荣誉等。

　　本书部分数据来自章丘测土配方施肥补贴项目和章丘市耕地地力调查与评价项目。在编写过程中,本书得到了相关专家的帮助和指导,并参引了许多专家、学者的成果和经验。部分文学作品因各种原因,无法找到原作者,请原作者与我们联系。对以上所有对本书的出版有所帮助的人,在此一并致谢。

　　需要说明的是,本书病虫害防治所列农药及剂量仅供参考,万勿照搬,请参阅厂家产品说明。

　　由于编者水平所限,知识面窄,加之时间仓促,书中不当之处在所难免,热忱希望广大读者多提宝贵意见和建议。

编者

2019 年 3 月

目　录

第三篇　文化篇

第一篇／综合篇

第一章 大 葱

第一节 大葱起源、分类、分布

大葱,学名:*Allium fistulosum* L. var. *giganteum* Makion,葱的一种,作蔬菜食用,鳞茎、根须和种子亦入药,是我国特别是北方人群所喜食的"四辣蔬菜"(葱、姜、蒜、辣椒)之一,其中又以章丘大葱为最,其品牌价值逾150亿元。

一、葱的解释

《中华字典》(2009年版)对"葱"的解释为:"多年生草本植物,叶、茎有辣味,是普通的蔬菜和调味品。"《现代汉语词典》2016年第7版对"葱"的解释为:"多年生草本植物,叶子圆筒形,中间空,鳞茎圆柱形,开小白花,种子黑色。是常见蔬菜或调味品。"《辞海》1977年版本对"葱"的解释为:"植物名,葱类的总称。有大葱、分葱、细香葱等。一般也专指大葱。葱类植物富含糖分、矿物质、维生素及蒜素,可作蔬菜及药用。"

以上解释都说明葱是蔬菜,葱是辣的,并对葱的形态特征进行了描述,说明了葱富有营养成分及药用价值。

二、大葱的起源

大葱旧时称为"菜伯""和事草",古时候称为"汉葱""冬葱"等。大葱以食用葱白为主,葱白比较发达,植株高大,故人们称其为"大葱"。

大葱起源于中国西部、中亚和苏联的西伯利亚,由野生葱在中国经驯化和选择而来。中国西北、北部乃至蒙古、西伯利亚为葱的初生起源中心。在不同生态环境和选择压力下,形成了3个栽培葱的次生起源中心:华北为普通大葱和北方型分葱的起源中心,西北黄土高原为楼葱的起源中心,华中、华南为南方型分葱的起源中心。

三、大葱栽培简史

中国关于葱的记载始见于《山海经》。《山海经》(公元前770年至公元前256年)有葱的分布记录,即《山海经·北山经》:"又北百一十里,曰边春之山,多葱、葵、韭、桃、李。"

公元前681年,大葱被引入齐鲁大地。据《管子·内言》记载:"齐桓公五年北伐,山戎出冬葱与戎菽(古胡豆),布之天下。"这种冬葱又有冻葱之称。汉代又从西域传入,称"胡葱",有时又写作"葫葱"。

据《礼记·内则》记载:"脍,春用葱,秋用芥……脂用葱,膏用薤……"

汉朝《汉书·龚遂传》记载:"遂为渤海太守,劝民务农桑,令口种五十本葱。"说明在汉朝已把大葱的种植作为一项政令任务让老百姓来完成,葱遂在山东开始广泛种植。

166年,汉朝崔寔撰写的《四民月令》中,已有"二月别小葱,六月别大葱,七月可种大小葱。夏葱曰小,冬葱曰大"的描述。

《四时类要》记载:"种葱,炒谷搅匀,塞楼一眼,于一眼中种之。他月葱出,取其塞楼一眼之地中土培之,疏密恰好,又不劳移。"

北魏时期,贾思勰的《齐民要术》更有一篇《种葱》(第二十一篇)对种葱的留种、栽培、管理、越冬措施作了详细论述。"收葱子,必薄布阴乾,勿令浥。此葱性热,多喜浥,浥则不生。其拟种之地,必须春种绿豆,五月奄杀之。比至七月,耕数遍。一亩,用子四五升。良田五升,薄田四升。炒谷拌和之。葱子性涩,不以谷和,下不均调,不炒谷,则草秽生。两楼重耩,窍瓠下之,以批契继腰曳之。七月纳种,至四月始锄,锄遍乃剪,剪与地平。高留则无菜,深剪则伤根。剪欲旦起,避热时。良地三剪,薄地再剪,八月止。不剪则不茂,剪过则根跳。若八月不止,则葱无袍而损白。十二月尽,扫去枯叶枯袍,不去枯叶,春初则不茂。二月三月出之。良地二月出,薄地三月出。收子者,别留之。葱中亦种胡荽,寻手供食,乃至孟冬为菹,亦不妨。"

元代王祯《农书》(1313年)提出葱的种植方法:"种法:先以子畦种,移栽却作沟垄,粪而壅,俱成大葱,背高尺许,白亦如之,宿根在地,来春并得种移栽之。"又曰:"葱种不拘时,先去冗,微晒。疏行密排种之。宜粪培壅。猪粪鸡鸭粪和粗糠壅之。"由此看来,大葱的种植方法至少在700年前已基本定型,与现在的种植方法大体相同。

章丘大葱栽培历史悠久。明嘉靖九年(1530年)《章丘县志》已有大葱栽培的记载,当时章丘女郎山西麓一带(今乔家、马家、石家、高家庄等地)栽培大葱已很普遍。清康熙31年(1692年)《济南府志》记载:"有葱出章丘者,肥大而味短,且易枯……",清乾隆二十年(1755年)《章丘县志》记载:"芥、韭、葱、蒜、瓜凡十余种至甜瓜、西瓜,以产女郎山者为最。"1927年出版的《济南快览·物产》中记载:"章丘之葱,每枝重及筋(斤),尤为山东人之特别嗜好品。"1932年,山东乡村建设研究院举办第二届农展会,章丘县三区回村的刘玉西参展大葱,获得品优一等奖。1956年,绣惠高级农业生产合作社社长刘廷茂同志参加全国劳模大会,就因大葱品优和丰收,获得了周恩来总理署名的国务院奖状。1959年,章丘将装有单株2斤(1kg)以上的大葱两箱献给党中央和毛主席,受到毛主席的高度赞扬。

2008年7月1日,原中华人民共和国农业部正式批准对"章丘大葱"实施农产品地理标志登记保护。

四、我国大葱分布

我国大葱年均种植面积达 $4.67 \times 10^5 hm^2$,出口份额占全世界的 70% 左右。大葱种植面积前三名的省份为河南、山东、河北(2016年统计,见表1-1)。

表 1-1　我国大葱播种面积和产量居前十的省区(2016 年)

地区	面积(×10⁴ hm²)	产量(万吨)
河南	8.779	379.37
山东	6.450	390.27
河北	5.361	330.92
安徽	4.044	118.07
广东	3.155	70.58
四川	2.769	68.79
江苏	2.751	88.56
陕西	2.502	74.67
贵州	2.348	45.58
湖北	2.098	61.06

大葱在中国的分布非常广泛,但主产区位于淮河、秦岭以北的广大地区,涵盖华北平原、东北平原、西北黄土高原等区域。华北平原大葱种植区包括山东、河北、河南三省和北京、天津两市,是中国大葱的发源地和第一大主产区。东北平原大葱种植区包括辽宁、吉林、黑龙江三省和内蒙古东部地区,是中国大葱的第二大主产区。西北黄土高原大葱种植区涵盖西北黄土高原、内蒙古高原和新疆盆地等,是中国大葱的第三大主产区。淮河、秦岭以南的华南平原、云贵高原和青藏高原以生产和食用小青葱为主,大葱栽培规模较小。

第二节　大葱形态特征和生物学特性

一、大葱的植物学分类

大葱是葱属的一员,但葱属的分类地位一直存在很大争议,因为和它亲缘关系最近的两个类群是百合科和石蒜科。目前,教科书及许多资料都把大葱划分为百合科,也为人们所普遍接受。因为过去植物种类还不像现在这么多,植物学家一般根据植物的显著形态特征来描述该植物,即对植物分类主要依据其形态特征进行分类。

根据旧分类法,百合科是子房上位、花序没有总苞,石蒜科是子房下位、花序有总苞。而这葱属,子房是上位的,花序却有明显的总苞,葱球形的花序外面的那一层膜,就是它的总苞。所以,分类学前辈们对葱属的地位意见不一,德国分类学家恩格勒和美国克朗奎斯特根据子房特点把它归入百合科,英国哈钦松根据花序形态和总苞将它归入石蒜科,而苏联植物学家塔赫他间干脆把葱独立出一个葱科。

随着科学技术的发展,特别是分子证据被普遍接受以后,百合科支离破碎,石蒜科也略有调整,至于葱属,在最新的 APG4 系统中,归入石蒜科(见表 1-2)。

表 1-2 大葱的植物学分类

中文学名	大葱	纲	单子叶植物纲
拉丁学名	*Allium fistulosum* L.	目	天门冬目
别称	青葱、和事草、四季葱、菜伯	科	石蒜科
二名法	Allium fistulosum	族	葱族
界	植物界	属	葱属
门	被子植物门	种	葱

二、大葱的植物学特征

(一)根

大葱的根系为弦状须根,弦状须根与小麦相比次生根少,只有一次分根,着生于短缩茎的茎基部。随着大葱株龄增加和短缩茎盘增大,新根不断发生,发根能力较强,一株有 50~100 条根,粗 1~2mm,长 30~45cm,最长可达 50cm 以上。由于大葱的根分枝性很弱,侧根发生较少,根毛稀少,其根毛群主要分布在表土 30cm 范围内,80%的根系都在植株四周 20cm 范围内。大葱根系吸收肥水的能力一般比较弱。

大葱的根系再生能力较差,当已发生的根系被切断后,断裂后的根系不能发生侧根,所以大葱经起苗移栽,起苗前已形成的根系就没有多大的利用价值,在成活后葱的生长主要依靠新生的根提供养料和水分。大葱根系好气、怕涝,喜欢疏松肥沃、透气良好的土壤,若土壤湿度过大,特别是高温高湿,根系会因供氧不足而坏死。大葱根系有向气性,喜欢向土壤透气性较高的部位伸展,高培土栽培时,大葱的根系不是向下生长,而是沿着水平方向或向上延伸,培土越高,大葱根系的返根现象(根系往上长)越突出。大葱根系触硬底可往回长,从大葱放置在潮湿地面偶发新根往上长可窥见一斑,因此,种植大葱地块必须质地疏松。

经过对章丘大梧桐栽培情况调查,苗期(秋季育苗)根的生长一般返青前平均 9 条,春季返青至葱苗盛长可达 24 条,6 月底、7 月初移栽前达到 53 条,移栽返苗后达到 70条,9 月达到 80 条(这是大葱根系生长的黄金时期,对大葱产量有着举足轻重的关系),收获时根系可达到 100 条以上,一般无 200 条根的大葱。

(二)茎

大葱的茎为变态的短缩茎,也就是所说的茎盘。葱白为多叶鞘抱合而成的假茎,中间为生长锥,葱叶从生长锥的两侧按互生的顺序相继发生。葱叶的发生有一定的顺序性,内叶的分化和生长均以外叶为基础,并从相邻外叶的出叶孔穿出叶鞘。叶鞘是大葱的营养储藏器官。大葱的产量主要取决于假茎的长度和粗度。

假茎的高矮、粗细和形态,与品种特性有关,有圆柱状和鸡腿形等。假茎的高矮与栽培方式关系较大,与培土也有密切关系,培土越深,假茎越长。通过分期培土,为假茎创造一个黑暗和湿润条件,不仅可以促进叶鞘延长,使假茎伸长,而且还能使其软化,提高品质。

对章丘大梧桐栽培观察,假茎生长适期有两个:苗期为5月中旬至6月中旬;移栽后为9月上旬至10月上旬。大葱每长出一个心叶,假茎伸长约2cm。

(三)叶

大葱的叶按1/2的叶序着生于茎盘上,为长圆筒形,中空,先端尖,翠绿或深绿色,表皮光滑有蜡质层。大葱叶在茎盘生长锥的两侧互生,叶片成扇形排列,整齐地分布在近一个平面上。葱叶的分化有一定的顺序性,内叶的分化和生长以外叶为基础。随着新叶的不断出现,老叶不断干枯,外层叶鞘逐渐干缩成膜状。一般一株大葱保持4～8片绿色功能叶。大葱保持的功能叶数与品种特性有关,一旦茎盘生长点花芽分化,就不再分化新叶。大葱一生中发生叶片数最多的在30片以上,少的不足10片。一片葱叶从开始长出叶鞘到叶身衰老枯死需要经过40～50天。

章丘大梧桐由第一片真叶至抽花薹一般为35～38片,不超过40片。苗期(秋季育苗)10～12片,移栽时达到20片左右。

(四)薹、花、果实和种子

随着株龄的增加,在适宜的外界低温条件下,植株通过春化阶段(大葱春化温度2～7℃)。一般完成春化的时间为7～10天。通过春化阶段,大葱进入生殖生长,茎盘生长点进入花芽分化,逐步抽生花薹。

(1)花薹:圆柱状,中空,高30～50cm,中部以下膨大,向顶端渐狭,约在1/3以下被叶鞘包被。顶端着生伞状花序,伞形花序球状,多花,较疏散。有膜状总苞,二裂。普通大葱一株着生一个伞形花序,但也有同时或先后发生几个花序的。其花序大小与品种、种株生长状况和侧芽萌发情况关系密切。种株健壮粗大者,花序出现的早而大。在良种繁育中,为保持种性,必须淘汰一株同时抽生几个花序的植株。大葱一花序着生200～600朵小花,一般在350朵左右,花未开前由白色二裂总苞片包裹,呈桃形。开花时由花序顶端中央先开,依次向下,一花序的开花延续期为10～28天,单株花期在30天以上,其盛花期在初花后5天左右,盛花期延续时间在1周左右。此期单花序每天最多可开60朵,为人工授粉和杂交的适期。

（2）花：总苞开裂后露出蕾，花蕾开裂为花。大葱为雌雄同花的不完全花，有花瓣6枚，花被片白色，长7～8mm，披针形；雌蕊1枚，子房倒卵形，上位花，3室，每室2籽，花柱细长，伸出花被外，柱头三裂，柱头晚于花药成熟1～2天，有蜜腺，虫媒花。柱头授粉的有效期长达7天，柱头接受花粉后迅速萎蔫，花粉管开始萌发。一般来说，花序顶部的小花先开，依次向下开放。

大葱由花序出现至开花需19～27天，单花由总苞中伸出至开花（以花被松散，露出1个花药为准），需要3～4天，由开花至种子成熟需40天以上。大葱单花开放时间，即由第一个花药伸出花被至花谢（六枚雄蕊散粉完毕，花丝凋萎），亦需3～4天。开花时内外三轮雄蕊依次生长和散花粉。在6枚花药全部裂开，花丝开始凋萎后，雌蕊柱头才加长并伸出花被。其膜质花被在花开以后始终不展开，这和圆葱、韭菜不同。由此可见，大葱花的发育完全符合异花授粉的特点。

一般1个花球可着生小花100～400朵，每朵有效花的平均结籽数2～3粒（结籽率为30%～50%），每个花球可采种子300～500粒。

（3）果实：大葱的果实为朔果，每果含种子6枚。朔果幼嫩时呈绿色，成熟后自然开裂，散出种子。

（4）种子：黑色，盾形，种皮有皱褶，千粒重2.4～3.4g。由于同一花序上小花开放的时间不同，同一花球上下部果实和种子成熟期可相差8～10天。为提高种子质量，可在花序上有1/4的种子开裂变黑时采收，并阴干后熟。开花数、采种量与种株株龄和花球大小等有关。

常温下种子寿命1～2年，使用年限1年。若采取低温干燥储存，葱种寿命也可延长到10年以上。

三、大葱生育周期

大葱属于2年生耐寒性蔬菜，整个生育周期分为营养生长时期和生殖生长时期。章丘大葱从种子播种到收获成株需410天左右（秋播苗），从播种到种子成熟需605天左右（成株种育）。营养生长阶段分为发芽期、幼苗期、葱白形成期3个时期。生殖生长阶段可分为返青期、抽薹期、开花期、结籽期4个时期。

（一）发芽期

从播种到第一片真叶出土为发芽期。在适宜条件下历时7～10天。需7℃以上有效积温140℃。再经2～3天子叶即可伸长拱出地面，俗称"顶鼻"或"立鼻"；而后子叶尖端长出地表并伸直，俗称"直钩"。从立鼻到直钩，此期要求有较高的温度和湿润的土壤条件。最适温度20℃左右。

章丘大葱生产基地观察:日均温度(地表 1cm,下同)22℃,播种后 8 天开始出土,16 天出第一片真叶;日均温度 18℃,播种后 12 天开始出土,30 天出第一片真叶。播后若相对湿度低于 50% 会延迟出土,低于 35% 不发芽。新种子 8 天可出苗,陈种子 12 天出苗,播深超过 1cm 晚出苗 1～2 天。

(二)幼苗期

从第一片真叶出现到定植为幼苗期。秋季播种育苗,到翌年夏季定植,幼苗期长达 8～9 个月。为便于管理,可将幼苗期再划分为幼苗生长前期、幼苗越冬休眠期和幼苗生长盛期。

幼苗生长前期:从第一片真叶出现到越冬,需 40～50 天。此期幼苗小,对不良条件的抗逆性较差,要保持畦面湿润,以利幼苗生长,避免畦面过干,引起幼苗吸水不足而枯苗。因温度低,营养少,生长慢,冬前仅有 2 片真叶。

幼苗越冬休眠期:从越冬停止生长到翌年春返青。一般 11 月下旬日均温度低于 2～3℃ 时停止生长,翌年 2 月上旬(日均温度 2～3℃)开始返青。休眠期长短因地区而异。此期外界气候寒冷,葱苗不生长,在管理上应注意加覆盖物保护,防止受冻死苗。

幼苗生长盛期:从返青到定植,历时 80～100 天,此期是培育壮苗的关键。在浇返青水追提苗肥的基础上,注意间苗和中耕松土,特别是后期要控制土壤水分,少浇水或不浇水,防止秧苗拥挤、徒长和倒苗。此期生长适温为 15～17℃。返青后 3 月上旬,气温低、生长慢,3 月中旬以后温度升高,幼苗生长加快,5 月生长最旺,6 月中旬温度过高幼苗生长又慢,此时即为移栽适期。

苗期约为 240 天,但生长量占不到总量的 20%。

(三)葱白形成期

从定植到大葱冬前停止生长为葱白形成期,历时 120 天,可分为 2 个阶段:移栽缓苗期和植株生长盛期。

移栽缓苗期:移栽大田后至返苗旺盛生长前。一般从夏至(6 月 20 日前后)开始移栽,直到立秋后开始盛长。此期因气温过高和移栽根系损伤,植株生长缓慢,呈半休眠状态。移栽葱苗喜欢干燥,避免淹渍烂根,要进行炼苗,即俗称的"靠苗"。

植株生长盛期:进入 8 月中下旬,秋凉以后大葱进入旺盛生长期。此期是产量形成的关键时期,也是水肥管理、培土软化的适宜季节,要加强肥水管理,及时追肥、浇水,及时分期培土,促进植株生长,加速葱白形成和软化。当平均气温降到 4～5℃ 时,叶身生长趋于停顿,叶身中已形成的有机物质仍向葱白中转移,葱白生长速度减慢,大葱进入产品收获期。植株生长适温为 20～25℃,在此温度下叶身和全株重量增加最快,13～20℃ 最适于假

茎(葱白)膨大。

此期历经 105 天左右,但其间生长量可占总量的 80% 以上。

(四)返青期

翌年春季气温达到 7℃ 以上时,植株开始返青生长,到花薹露出叶鞘为返青期。返青期植株不再分化新叶,但在管理上应确保已分化在叶鞘中包裹着的小叶苗壮发育,为大葱生殖生长奠定营养基础。此期管理的重点是加速大葱种株已有功能叶片的发育,及时浇返青水,追提苗肥,及时中耕松土,提高地温,促进根系发育。返青期历时 30 天左右。

(五)抽薹期

从花苞露出叶鞘到始花为抽薹期。此期的生长重点是花薹和花器官的发育。在返青期浇水、追肥的基础上,此期应控制浇水追肥,避免花薹旺长。若肥水控制不当引起花薹旺长后,花薹高而细,抗风性差,后期易倒伏和折断。花薹粗矮健壮,有利于提高葱种产量。

(六)开花期

从花序始花到谢花为开花期。每朵花的花期为 2～3 天,一个花序的花期约 15 天。开花期的长短与种株大小和开花期温度高低有关。种株大,花球大、花数多、花期长。温度高,开花进程快,花期短。花期适温为 16～20℃。此期是提高大葱产种量的关键时期,要尽可能地充分授粉,提高结实率和结籽率。大葱属虫媒花,靠昆虫传播花粉。为保证有益昆虫的活动,花期尽量不打药或少打高效低毒农药,以利于昆虫的正常活动和传粉,也可以放蜂或人工辅助授粉。

(七)结籽期

从谢花到种子成熟为结籽期,历时 20～30 天。此期是提高葱种千粒重的关键时期。在管理上要加强病虫害的防治,尽量保护和延长功能叶的寿命,提高种子饱满度和千粒重,提高葱种产量和质量。

四、大葱对环境条件的要求

影响大葱生长发育的因素较多。其中,温度、光照、水、矿物质营养、土壤条件与大葱生长发育的关系更为密切。其营养生长时期需要凉爽的气候,肥沃、湿润的土壤和中等强度的光照条件。因此,大葱产量和品质的形成应以秋凉季节为宜,并要严格控制发育条件,防止先期抽薹,方可提高产量和品质。

(一)温度

大葱虽属耐寒性蔬菜,但对温度要求不严格,既耐寒也抗热,在凉爽的气候条件下生长发育较好。大葱种子发芽的最低温度为 4℃,最适宜温度为 15～25℃,最高温度为

33℃。温度低于4℃不发芽,25℃以上发芽受影响,超过33℃不发芽。植株生长适温为20～25℃,低于10℃生长缓慢,25℃以上生长细弱,超过35℃处于半休眠状态。大葱的耐寒性极强,植株地上部在－10℃的低温下也不受冻害,在－30℃的低温地区也可露地越冬。不同品种或同一品种的不同生育阶段对低温的适应能力也不相同,南方栽培的小葱(分葱、细香葱)耐寒性稍差。幼苗过小时,耐寒能力低。

大葱是植株感应型、在低温条件下通过春化阶段的作物。相关研究结果表明:当植株叶片达到3片以上时,在0～7℃的低温条件下,经过半个月以上的时间,幼苗生长点就会转化为花芽,植株通过了春化阶段。在大葱栽培越冬育苗时,要控制冬前幼苗叶片不超过3片,否则翌年春天易引起先期抽薹。

(二)光照

大葱是长光性、较弱光型作物,在长日照条件下抽薹、开花。日照时数达12小时以上,有利于促进大葱抽薹开花,在较短的日照下不开花。大葱对光照强度的要求较弱,光的饱和点较低,在较弱光照条件下生长仍然良好。据测定,大葱的光饱和点为25000Lux,光补偿点为1200Lux,适宜产品器官形成的光照强度为2000～5000Lux。光照不足,光合强度下降,影响营养物质的合成与积累,叶片易黄化,植株生长细弱,引起减产。光照过强也会加速叶身老化,叶片纤维增多,产品质量降低。假茎的生长需黑暗的环境,在不见光的条件下,葱白洁白脆嫩。在生产上多采取培土软化的办法,使葱白长而充实,可提高葱白产量,改善葱白品质。

(三)水分

大葱叶片水分蒸腾少,根系吸水能力弱,消耗水分较少,因而耐旱力很强,耐湿性较差。大葱不同生育阶段对水分的要求也不同。发芽期需水较多,必须保持土壤湿润,以利于种子萌芽和出土。幼苗期为防止秧苗徒长和过大,应适当控制水分,前期防止落干枯苗,应保持地面湿润,中期避免旺长,保持畦面见干见湿,后期防止秧苗拥挤倒伏,适当控制浇水。定植缓苗阶段为便于缓苗,应保持土壤湿润,但土壤湿度又不宜过大,湿度过大易引起烂根、黄叶,影响生长。葱白形成期需水量大,要小水勤浇,保持土壤湿润,以利于提高产量和品质。整个生长期怕涝,后期应及时排水防涝,避免积水沤根、死苗。

(四)矿质营养

大葱喜肥,但根系吸收能力较弱,为提高大葱质量,必须注意增施肥料。土壤中碱解氮低于60mg/kg时,及时增施氮肥可显著提高产量。有效磷含量低于20mg/kg时,补施磷肥也有增产作用。速效钾含量低于100mg/kg时,施钾肥能改善大葱假茎品质。据测定,每生长1000kg鲜葱,约需从土壤中吸收氮(N)2.7kg、磷(P_2O_5)0.5kg、钾(K_2O)3.3kg,氮、磷、钾

三要素的比例为 N：P_2O_5：K_2O＝5.4：1：6.6。大葱对钾的吸收量最多,氮肥次之,磷肥最少。另外,中量元素钙、镁、硫,微量元素锰、硼、铜、钙等及有益元素硒、硅都对大葱生长有一定作用。

（五）土壤

大葱对土壤条件的适应性较广,沙土、壤土、黏土均可生长。在沙土地生长的大葱,葱白粗糙松软,纤维多,不脆嫩,不耐储存,辛辣味重。在黏土地生长的大葱,葱白紧实细嫩,纤维少,质地脆,但葱白细长,产量较低。土质疏松、土层深厚、透气性好、保肥保水性强的壤土地栽培的以葱白（假茎）为主要产品的大葱效果最佳。

大葱要求中性土壤,适宜大葱生长的 pH 为 5.7～8.0,最适 pH 为 7.0～7.4。土壤 pH 低于 6.5 或高于 8.5,有明显抑制作用,低于 4.5 时大葱就无法生长。在酸性土壤中栽葱,应增施生石灰进行土壤改良。

第三节　大葱类型与优良品种

我国栽培大葱历史悠久,具有很多宝贵的种质资源。大葱可分为普通大葱、分葱、胡葱和楼葱 4 个类型。在植物学分类上,分葱和楼葱是普通大葱的变种。

（1）普通大葱:品种多,品质佳,栽培面积大。

（2）分葱:叶色浓,葱白为纯白色,辣味淡,品质佳。

（3）楼葱:洁白而味甜,葱叶短小,品质欠佳。

（4）胡葱:多在南方栽培,质柔味淡,以食葱叶为主。

普通大葱由于其适应性强,所以栽培地域广,同时也形成了大量的地方品种。但对大葱品种类群的划分目前尚无统一的数量分类标准,仅凭经验依据大葱假茎（葱白）形态和分蘖性可分为 4 个类型,即长葱白型、短葱白型、鸡腿型和分蘖型。

（1）长葱白型:相邻叶片的出叶孔距离较长（2～3cm）,夹角较小（一般＜90°）。葱白长,粗度均匀,葱白指数（长/横径）高于 12。葱白含水量较高,粗纤维较少,香辛油/糖比值低,味较甜,宜生食。不耐冬季自然条件下储藏。代表品种如章丘大梧桐。

（2）短葱白型:相邻叶片的出叶孔距离较短,夹角较大（≥90°）。叶身粗短,葱白也粗短,葱白指数 10 左右,基部略膨大。葱白含水量较低,香辛油/糖比值介于长葱白型与鸡腿型之间,生、熟食兼用。代表品种有河北对叶葱。

（3）鸡腿型:相邻叶片的出叶孔距离、夹角与短葱白型相似。葱白短、粗,以葱白中部横径为准的葱白指数低于 10。葱白基部膨大。香辛油/糖比值高,两者的含量也都高于前两种类型,香味浓而辛辣,宜熟食。干物质含量高,耐储藏。著名品种如山东莱芜鸡腿葱、河北隆尧鸡腿葱。

(4)分蘖型:营养生长期间植株发生1~3次分蘖,每一次分蘖由1株分生成2~3株,1年可分生6~10个分株。经低温春化后,每个分株可同时抽薹、开花、结实。代表品种有青岛分葱、安徽黄岭大葱等。

一、长葱白型品种

(一)章丘大梧桐

章丘大梧桐是我国最著名的大葱优良品种,是长葱白型的典型代表品种,是山东省济南市章丘区地方品种,也是我国大葱栽培的最主要品种之一,并在1987年通过山东省农作物品种审定委员会的认定,目前已在全国各生产区得到广泛推广。章丘大梧桐生长势强,植株高大,一般株高1.5m以上,最高可达2.5m以上。葱白长50~70cm,最长者达1m左右,葱白直径3~4cm。不分蘖,少数植株双蘖对生。叶细长,叶色鲜绿,叶肉较薄,叶直立,叶间距较大。单株重500g左右,最重者可达1.5kg。葱白圆柱形,质地细嫩,纤维少,含水分多,味甜,微辣,商品性好,生食、炒食、制馅均可。

(二)章丘气煞风

章丘气煞风由章丘大梧桐与鸡腿葱自然杂交、系统选育而成。气煞风植株粗壮,叶色浓绿,叶肉厚韧,耐病抗风,故名“气煞风”。株高约100cm,葱白长40~50cm。单株重0.5~1.2kg。叶形粗管状,叶色深绿,叶身短而粗,叶面蜡粉较多。风味辛辣,品质上等,生、熟食皆宜。较抗紫斑病,耐储藏。

(三)章丘“29系”

章丘“29系”是从享誉国内外的传统章丘大葱品种中采用系圃法提纯复壮选育而成的。本品种株高1.1~2m,管状叶较粗短,上冲势强,色浓绿,被有腊粉,叶肉厚韧,叶间距适中。葱白呈柱状,长50~80cm,直径4cm左右,组织紧密,质地较细致、脆嫩,轻感辛辣。根系发达,独秆不分蘖,抗风、抗病、抗寒力强,耐肥水、耐储藏、耐运输,各地春秋播均可。单株重0.25~1.0kg,高者达1.5g以上。

(四)寿光八叶齐

寿光八叶齐为山东省寿光市地方品种,因生长期保持有效绿叶数8片而得名。株高1m以上,不分蘖。葱白长40~50cm,粗4~5cm。叶粗管状,叶色绿,叶面蜡粉较多,生长势、抗病性较强。风味较章丘大梧桐稍辣,生、熟食均优。单株重400~600g。

(五)盖县(今盖州市)大葱

盖县大葱又称“高脖葱”,是辽宁省盖县农家品种。植株高大,可达1m左右,葱白长约

50cm,径粗 3～4cm。叶色深绿,叶身细长,植株直立,不易抽薹,单株重 0.5kg 左右。

(六)营口三叶齐葱

营口三叶齐葱由辽宁省营口市蔬菜研究所利用地方品种系统选育而成,并在 1988 年通过辽宁省农作物品种审定委员会审定。片株高 120～140cm,葱白长 60～70cm,粗 2.0～2.6cm,葱白外膜紫红色。叶数 3～4 片,叶色深绿,叶形细长,叶面蜡质厚,单株重 300g 以上,一般每亩产鲜葱 3000kg 以上。较抗紫斑病。叶肉厚,叶鞘包合紧,抗倒伏。

(七)宝坻大葱

宝坻大葱是天津市宝坻区传统的经济作物,也称为"五叶齐"大葱,是宝坻葱蒜研究会从农家品种中经多年选育而成的高白大葱品种。该品种因其生长期间始终保持 5 片绿叶,如手指张开状,叶片上冲,心叶两侧叶等高,故定名为"五叶齐"。株高 120～150cm。葱白直径 3～5cm,单株重 0.4～1kg。葱白肥大、细嫩、不分蘖,微甜辛辣,生、熟食皆佳。

(八)毕克齐大葱

毕克齐大葱为内蒙古自治区默特左旗农家品种。株高 95～15cm,葱白长 40cm,粗 2.2～2.9cm。叶数 9～11 片,叶形粗管状,叶色绿。单株重 150g 左右。小葱苗葱白基部有 1 个小红点,似胭脂红色,随着葱的生长而扩大,裹在葱白外皮形成紫红色条纹或棕红色外皮,抗寒、抗旱、抗病。葱白质地紧密、脆嫩,辛辣味浓,品质佳,耐储运。一般亩产 2000～3500kg。

(九)海洋大葱

海洋大葱为河北省抚宁县(今抚宁区)海洋镇地方品种,在 1990 年通过河北省农作物品种审定委员会认定。株高 80～90cm,葱白长 40cm 以上,粗 5～7cm。生长期有效绿叶 6～8 片,叶色深绿,叶粗管状,叶肉厚,叶面蜡粉多,叶间距离小,叶序整齐、扇形。植株抗风抗病,耐储藏,单株重 0.2～0.3kg。每亩产鲜葱 2500～3500kg。

(十)华县谷葱

华县谷葱又叫"赤水大葱""赤水孤葱",因形似鞭杆,故亦有"鞭杆葱"之称,是陕西省农作物品种审定委员会 1982 年认定的陕西省华县农家品种。株高 100cm 左右,葱白长 50～65cm,粗 25cm 左右,叶色深绿,叶面蜡粉少。单株重 300g 左右,最大可达 500g。葱白质地脆嫩,味甜,品质好,耐寒、耐旱、耐储藏,较抗病,风味辣。

(十一)凌源鳞棒葱

凌源鳞棒葱为辽宁省凌源县(今凌源市)地方品种。生长势强,株高 110～130cm,葱白长 45～55cm,粗 3cm 左右。单株重 0.25～0.5kg,最重可达 1kg 以上。叶色浓绿,葱白质地紧实,味甜、微辣,香味浓。抗逆性强,耐储藏。每亩产鲜葱 3000kg 以上。

二、短葱白型品种

(一)平度老脖子葱

平度老脖子葱为山东省平度市农家品种。株高 80～90cm,葱白长 30cm 左右。叶数 6 片,叶形粗管状,叶色绿,叶面蜡粉中等。单株重 500g 以上。风味辣,微甜,香味浓。

(二)沂水大葱

沂水大葱为山东省沂水县农家品种。株高 70cm 左右,葱白长 25～30cm。叶数 6 片,叶形粗管状,叶色深绿,叶面蜡粉中等。单株重 500g 以上。辣味中等,香味浓。一般亩产鲜葱 5000kg 以上。

(三)河北深泽对叶葱

河北深泽对叶葱为河北省深泽县农家品种,因葱叶相对生长(一般葱叶相错生长)而得名。株高 70～80cm。叶形粗管状,叶色深绿,叶面蜡粉中等。葱白长 30～35cm。单株重 120～130g。风味浓。

(四)宝鸡黑葱

宝鸡黑葱为陕西省宝鸡市农家品种。株高 80cm,葱白长 27cm。叶形粗管状,叶色深绿,叶面蜡粉中等。单株重 300～350g。风味浓,生、熟食皆宜。既可作大葱栽培,也可作小葱栽培。

(五)岐山石葱

岐山石葱为山西省岐山县农家品种。株高 100cm,葱白长 35cm。叶形细管状,叶色深绿,叶面蜡粉少。单株重 300g。风味辛辣,香味浓。

三、鸡腿型品种

(一)隆尧鸡腿葱

隆尧鸡腿葱为河北省隆尧县地方优良品种。株高 80～100cm,直立不分蘖,葱白长 20～25cm,葱白上细下粗呈鸡腿状,葱白直径 5.8cm,单株重 0.4～0.5kg。叶形短粗管状,叶色深绿,叶面蜡粉较少。葱白洁白,品质高。每亩产量可达 5000kg 以上,适应性强,生长旺盛,耐储性好。

(二)莱芜鸡腿葱

莱芜鸡腿葱为山东省济南市莱芜区农家品种。株高 100cm,葱白长 20～25cm。叶数 5 片,叶形粗管状,叶色绿,叶面蜡粉中等,葱白淡绿色。单株重 150～200g。风味辛辣,香味浓,耐储藏,适宜熟食。生长势较强,每亩产鲜葱 3000～4000kg。

(三)大通鸡腿葱

大通鸡腿葱为青海省西宁市大通回族土族自治县特产。株高 78.0～92.3cm,分蘖中

等,叶细管状,绿色,叶长 53.2～70.8cm,叶横径长 0.8～1.5cm;叶面无蜡粉;假茎横径长 1.5～2.0cm,假茎扁圆筒形,长 20.4～28.5cm,基部膨大,稍有弯曲,形似鸡腿,成株叶数 3～7 片。耐寒性强,较抗旱,耐储藏。抗紫斑病,中抗霜霉病。

(四)汉沽独根葱

汉沽独根葱为天津市汉沽县农家品种,在 1987 年通过天津市农作物品种审定委员会认定。株高 60cm 左右,葱白长 25～30cm,基部膨大,横径 4.5cm,向上渐细,稍有弯曲,形似鸡腿。叶数 8～9 片,叶形中管状,叶色深绿,叶面蜡粉多。单株重 150g 左右。葱白肉质细密,辛辣味浓,品质佳。抗病,耐储藏。每亩产鲜葱 2000～3000kg。

(五)浑江小火葱

浑江小火葱为吉林省浑江市(今白山市)农家品种。株高 70～80cm,葱白长 18～20cm,葱白鸡腿状。叶细管状,绿色,叶面蜡粉多。葱白紫红色。单株重 100～150g。风味辛辣,香味浓,适宜熟食。

四、分蘖型品种

(一)青岛分蘖大葱

青岛分蘖大葱为青岛市农家品种。分蘖性强,用种子繁殖,主要用于春夏季栽培。株高 50～60cm,单株重 30～50g。叶形细管状,叶色绿,叶面蜡粉少。风味较辣,香味浓,生、熟食皆宜。多畦作密植栽培。每亩产鲜葱 2000～3000kg。

(二)临泉黄岭大葱

该品种也称"临泉大葱",是安徽省临泉县农家品种,也是安徽省有名的特产品种。株高 100cm 左右,葱白长 40cm 左右,粗 1～3cm。一般有 4 个分蘖。叶形粗管状,叶色翠绿,叶面蜡粉少。葱白肥嫩洁白,风味甜辣适中,香味浓,品质优良。耐寒、耐旱,适应性强。适宜加工葱油、葱精等产品。每亩产鲜葱 4000kg 左右。

(三)高脚黄分葱

高脚黄分葱为河南信阳市农家品种,栽培历史悠久。植株较矮,葱白长 23cm,封土的葱白可达 28cm。横径较细,叶黄绿色,品质好。分蘖力强,丛生,每丛 10～15 株,呈筒状。

(四)泰州朱葱

泰州朱葱为江苏省泰州市农家品种。分蘖性强,一般分蘖 20 个左右。株高 40cm,葱白长 10cm 左右,单株重 50g 左右。叶细管状,深绿色,叶面蜡粉多。葱白圆筒形,绿白色。

(五)包头四六枝大葱

包头四六枝大葱为内蒙古自治区包头市农家品种,因有 4～6 个分蘖而得名。株高 60～70cm,单株重 200g 左右。叶形细管状,浅绿色,蜡粉多。葱白扁圆形,洁白色,风味中等。

五、传统章丘大葱品种比较

在传统意义上,章丘大葱包括大梧桐、气煞风、鸡腿葱(见表1-3)。

大梧桐:植株高大,身干挺直,管状叶排列较稀,叶色绿,叶端尖锐,叶肉稍薄,抗风、抗病力弱,葱白长而洁白、脆甜,最适生食,熟食亦佳。

气煞风:高大粗壮,管状叶排列较紧密,叶色深绿,叶肉肥厚坚韧,抗风、抗病力较强,葱白粗壮稍松,生、熟食均佳。

鸡腿葱:粗矮,管状叶排列较紧密,叶形锥状,叶尖较钝,叶肉肥厚,辛辣味强,最适熟食。在章丘,鸡腿葱已基本失传。

表1-3 章丘大葱品种比较表

品种	株高 (cm)	株重 (kg)	白长 (cm)	白粗 (cm)	叶长 (cm)	叶数 (片)	叶形	叶色	品质
大梧桐	155	0.85	72.5	4.5	77.5	6	长,披针形,叶端尖	绿	肉质细嫩,脆甜,稍辣
气煞风	130	0.75	56.5	5.2	70	7	中,披针形,叶端稍尖	深绿	肉质细嫩,甘甜,较辣
鸡腿葱	102	0.75	21.5	6.5	72	7	短,披针形,叶端较钝	浓绿	肉质脆,辛辣

第二章　章丘大葱生产现状与发展前景

第一节　章丘大葱生产现状

济南市章丘区把发展特色品牌农业作为农民增收的一项重要措施,以挖掘章丘大葱的品牌优势为突破口,在做活大葱产业、推动区域经济发展上动脑筋、做文章。1999年7月,"章丘大葱"商标注册成功,成为中国蔬菜类第一件原产地证明商标。同时,加强对大葱生产的规范化管理,建立生产示范区,在种子、土壤、灌溉、施肥等方面推行标准化生产技术,实行统一供种、统一施肥、统一收获、统一销售。这些举措进一步提升了章丘大葱的内在质量,增强了市场竞争优势。靠着"金字招牌"和过硬的质量,章丘大葱销售价格连年翻番,葱农的经济收入成倍增长。章丘大葱已逐步实现了从"本地特产"向"知名品牌"转变,大葱产业逐渐成为拉动农民增收的重要支柱产业。

一、历史沿革

改革开放以来,章丘大葱在产业发展上主要经历了两个历史时期。

第一个历史时期是20世纪80年代到90年代中期。大葱从计划经济下的计划物资走向市场,生产方式较为粗放,农药使用量高,且葱农们生产组织分散,组织化程度低。由于当时农产品短缺,大葱供不应求,葱农的种植逻辑是:只要地里能长出来,就能卖得掉,产量越高,收入越多。葱农依靠种植大葱迅速致富。

第二个历史时期是20世纪90年代后期至今。这一时期的农产品逐渐走出了稀缺时代,大葱产业逐步进入丰年有余的阶段。市场情形由卖方转向买方,章丘大葱供求关系发生根本性转变,销售问题日益突出,葱农收入减少,种葱的积极性出现下降。针对这一问题,济南市章丘区有关部门进行了认真研究,及时转变观念,确定了立足市场、面向全国、发展优势产业的特色化、品牌化、标准化、绿色化的发展新思路。在产业发展上,走活了"强化科技创新,增强品牌自我保护意识,落实标准化,推进绿色发展"四步棋。

二、生产现状

（一）大葱生产规模稳定

中共章丘区委、区政府十分重视大葱产业发展,出台了一系列利好政策,在专业镇街建设和"一村一品"战略的推动下，农业种植结构不断调整，大葱生产基地的规模稳中有升，面积逐年增加，总产量不断提高。

近十年来，章丘大葱的播种面积均在 10000hm² 以上（见图 2-1）。自 2008 年起，播种面积逐年扩大，2015 年的播种面积达到最大值，为 8316.7hm²，随后的 2016 年、2017 年略有下降，分别为 8019.2hm²、7930.8hm²。主要原因是礼品葱的需求量有所下降，各大市场的降幅都在 60% 以上，其中宁家埠街道办事处徐家大葱市场下降 70% 左右，刁镇蔬菜批发市场的降幅达到 80%。

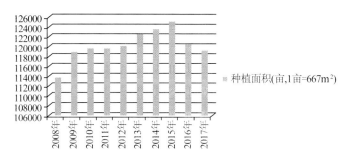

图 2-1　章丘大葱播种面积（《章丘统计年鉴 2009～2018》）

济南市章丘区农业农村局作为大葱生产的业务主管单位，制定了《章丘大葱标准化生产技术规程》，大力推行测土配方施肥技术、病虫害绿色防控技术、耕地地力培肥技术、大葱全程机械化生产等技术，大葱单位面积产量不断提升。

2008 年的大葱单产为 4320.1kg/667m²，2009 年、2010 年分别为 4814.4kg/667m²、4832.9kg/667m²。自 2011 年跨过 5000kg/667m² 大关后，单产持续走高，特别是近几年均维持在 5500kg/667m² 左右。最高单产为 2015 年的 5542.5kg/667m²（见图 2-2）。

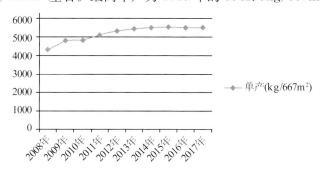

图 2-2　章丘大葱单产（《章丘统计年鉴 2009～2018》）

目前，济南市章丘区蔬菜播种面积常年维持在 25333.3hm² 左右，大葱播种面积为 8000hm²，大葱占蔬菜播种面积的 31.6%；蔬菜年总产量为 181 万吨左右，大葱年产量占蔬菜年总产量的 34.5%（见表 2-1），实现年产值 6 亿多元，从业人员 10 万人以上，所以说大葱在全区蔬菜甚至整个种植业当中占有举足轻重的作用。

表 2-1 章丘大葱种植情况比较表(《章丘统计年鉴 2009~2018》)

年度	蔬菜面积(667m²)	大葱面积(667m²)	大葱面积占蔬菜面积(%)	蔬菜总产(吨)	大葱总产(吨)	大葱总产占蔬菜总产(%)
2008	371745	113505	30.5	1696051	490350	28.9
2009	372675	118654	31.8	1698164	571246	33.6
2010	373800	119370	31.9	1726413	576905	33.4
2011	374310	119366	31.9	1829231	610769	33.4
2012	381330	119790	31.4	1850212	637695	34.5
2013	382905	122232	31.9	1870721	666976	35.7
2014	383625	123380	32.2	1900372	679361	35.7
2015	386580	124750	32.3	1896702	691430	36.5
2016	378420	120288	31.8	1847310	661367.3	35.8
2017	376710	118962	31.6	1841344	655613.9	35.6

(二)产区分布集中

一些传统生产基地的优势地位得到进一步巩固。主要是绣惠街道办事处、宁家埠街道办事处、龙山街道办事处、枣园街道办事处、刁镇等 5 个镇街,播种面积占到了全区大葱面积的 91.7%,其中:龙山街道办事处>枣园街道办事处>刁镇>宁家埠街道办事处>绣惠街道办事处;次要是相公庄街道办事处(339.6hm²)、白云湖街道办事处(包括原水寨镇,共 225.7hm²);圣井街道办事处、普集街道办事处、官庄街道办事处、高官寨街道办事处、垛庄镇还有零星种植;明水街道办事处、双山街道办事处、曹范街道办事处、埠村街道办事处、文祖街道办事处、黄河镇 6 个镇街基本没有大葱种植,因而无统计面积(见图 2-3)。

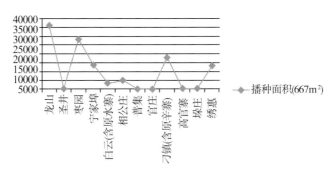

图 2-3 各镇街大葱播种面积(《章丘统计年鉴 2009~2018》)

(三)品牌带动效应明显

为把"章丘大葱"打造成市场名牌,中共章丘区委、区政府积极推动商标注册和产品产地认证。1999年7月,"章丘大葱"商标注册成功,成为中国蔬菜类第一件原产地证明商标。近几年来,随着品牌农业推进力度的不断加大,枣园街道办事处、绣惠街道办事处、宁家埠街道办事处等大葱主产区先后获得国家权威机构批准的绿色(有机)食品证书,并分别注册了"百脉泉"牌、"清绣园"牌、"绣惠"牌、"女郎山"牌、"万新"牌等多个章丘大葱商标,且多家大葱产品获得了"三品一标"(有机食品、绿色食品、无公害食品、地理标志)认证。有了"身份"的章丘大葱进入市场后,很快博得了消费者的青睐,价格也比三品认证前翻了两番,实现了从"本地特产"向"知名品牌"的转变。

(四)组建起专业化的行业协会或合作社

全区大葱专业村、专业镇不断形成和发展,生产者的品牌意识不断加强,原章丘市政府成立了"章丘市大葱协会",多个生产基地先后成立了大葱专业合作社及农业公司,采用"协会(合作社、公司)+基地+农户"模式,实行统一技术培训、农资供应、组织收购和推广销售,发挥龙头带动作用。

从销售渠道看,济南市章丘区目前的大葱销售模式主要有以下几种:一是以主产区为依托的大葱批发市场;二是主产区的专业合作社;三是城区的超市和店面;四是分散的单户经营及网上销售。主流销售模式为大葱市场和合作社,占大葱销售的近八成,而且从货源供应、客户认知等因素考虑,大葱市场及合作社的营销模式还会是今后一个较长时期的主流模式。

目前,章丘区大葱批发市场有10多处,其中规模比较大的有以下几处:一是枣园万新大葱市场,旺季(11月、12月、1月)的日交易量可达200吨左右,全年交易量为6万~7万吨,交易额过亿元;二是龙山西李大葱市场,旺季的日交易量可达500吨左右,全年交易量可达10万吨,年交易额2亿多元;三是宁家埠大桑大葱市场,年交易量可达20多万吨,年销售额4亿~5亿元;四是宁家埠徐家大葱市场,旺季一天可销售300吨,全年销售额1亿元;五是刁镇蔬菜批发市场,是商务部重点监测的流通企业,平均每年销售蔬菜30多万吨,其中大葱10万多吨,交易额2亿多元。

据统计,每年章丘区通过大葱批发市场销售的大葱可达60多万吨。除大葱批发市场,目前济南市章丘区还有数百家大葱专业合作社和公司,如章丘市绣惠大葱专业合作社、济南清绣园农业科技有限公司等,据估计每年销售大葱可达10万吨,成为第二大销售渠道。此外,近几年新兴的网上销售正在成为章丘大葱行销全国的又一魅力渠道,如济南清绣园农业科技有限公司与中国邮政集团公司邮乐网联袂推出的"章丘大葱游(邮)全

国",可使章丘大葱直达百姓餐桌。

第二节　章丘大葱生产中存在的主要问题和解决途径

一、章丘大葱发展的问题与瓶颈

（一）科技含量不高，种植面积徘徊不前

优势产业无优势，章丘大葱"冠誉中外"，作为全区的优势农产品，其发展已落后于福建漳浦，甚至是本省的安丘。章丘大葱作为大葱产区的主导产业，受多种因素的制约，种植面积多年来一直徘徊不前，并存在三个方面的问题：一是品种混杂，退化严重。章丘大葱包括传统意义上的大梧桐、气煞风、鸡腿葱，还包括后来选育出的介于大梧桐、气煞风之间的中间型品种"29系"，但以大梧桐为典型代表。鸡腿葱在章丘已基本不见踪影，大田内整齐划一的大梧桐地块现在也难觅踪迹，多为大梧桐、气煞风、"29系"混杂，甚至有些夹杂其他品种。即使是大梧桐，由于一家一户自行留种，加之不重视选种，也造成种性退化。二是品质不精。近年来，全区一直推行无公害绿色生产标准，但由于连年重茬种植、病虫害发生严重等原因，品质难以保证。特别是要出口到国外的大葱，因为对外观和农药残留量有严格限制，而我们的产品偶有不合格，造成有订单而收不到货的尴尬局面。三是优质不优价。一些种葱大户及农户按照农业部门制定的大葱标准化种植规程进行生产，然而市场价格却难以实现优质优价，这在一定程度上挫伤了葱农的种植积极性。

（二）机械化生产相对滞后

章丘大葱的生产过程主要有播种、育苗、开沟、移栽、培土、收获等环节，但传统种植方式全部由人工完成，劳动强度大，生产效率低，作业质量得不到保证，生产成本居高不下，严重影响了章丘大葱的产业化进程。目前，在大葱开沟、培土这两个生产环节已经有了成熟可靠的机具，并在全区大葱生产中得到了广泛应用，基本实现了机械化。但在播种、移栽、收获等环节，仍然缺乏适用的机具，需要人工作业。随着全区城镇化速度的加快，种植业劳动力大幅减少，特别是大葱移栽环节，正值三夏大忙季节，劳动力紧缺的矛盾表现得尤为突出，所以葱农对大葱移栽机械化的需求越来越迫切，亟需改进当前的生产方式，促进章丘大葱的规模化、标准化种植，加快推动章丘大葱的产业化进程。因此，实现大葱机械化移栽、收获是大势所趋，势在必行。

（三）种植分散，集约化程度不高

由于历史原因、土地政策等多方面因素作用，目前章丘大葱的种植模式仍以分散的小规模状态为主,这种状况不利于机械化作业,不利于集约化生产和管理,不利于病虫害的统防统治,生产管理效率低。虽然目前已经先后成立了数百家大葱专业合作社,但大多是"农超对接",并没有真正实现合作种植。目前,章丘区的大基地不过十几处,最大规模只有 20hm²,且仍以家庭分种为主,也在一定程度上影响了规模种植、农机推广和产品升级的进程。

(四)产业链条不完备

主要体现是只停留在传统的种植上,缺乏完整的销售体系和深加工能力;主要依靠鲜葱销售,无鲜葱保质和深加工能力;一年只有一季鲜葱上市,无法满足四季供应;深加工企业少,规模小,产品竞争力不强,难以抵挡激烈的市场竞争和市场风险。

二、章丘大葱产业发展对策

(一)政策层面

1.建立章丘大葱产业发展的多方投入机制

应建立政府财政投入、信贷投入、农户投入、社会广泛参与的多元化投资体系。加大财政投入和金融信贷的倾斜力度。设立财政专项资金,财政扶贫、农业综合开发、农业综合体建设、相关农业项目应尽量向特色大葱产业倾斜。金融机构优先对章丘大葱标准化种植大户的生产经营活动给予信贷优惠,政府给予贴息支持,继续加大政府奖励力度,对种植能手、种植状元、营销大户等给予隆重表彰和奖励,推动大葱产业的优化升级。

2.加大种葱补贴扶持力度

章丘大葱是章丘区的标志性农产品,是农产品里的"大哥大",为促进章丘区大葱产业继续做大做强,可参照"小麦直补"模式对规模大、品质优、大葱产销合作社的标准化种植户给予一定风险补贴金。

3.大力实施科教兴农战略

"科学技术是第一生产力。"应把科技、教育、兴农紧密结合起来,以科研为基础,科技转换为手段,以提高农业劳动者文化素质为目的,大力促进农业技术的推广与普及。不断加大品种改良及管理力度,培育壮大优势特色大葱产业,推进大葱标准化生产。大力培育新型农民,只有加强对现有农民的培训力度,着力提高农村劳动者素质,才能使其实现从经验型农民向知识型、职业型农民转变。

4.加大农业龙头企业的扶持力度

章丘区大葱产业化发展水平总体偏低,缺乏大公司、大品牌,资金和人才等要素制约着农业产业化的进一步发展。应培育农业龙头企业,增加农民收入,推动和加快农业产业化发展,发挥龙头企业的导向作用。希望政府能从广大农民、农村及农业产业化龙头企业

的切身利益出发,确保惠农政策落到实处,积极扶持农业龙头企业的发展壮大,加快全区农业产业化的发展进程。

要积极争取上级资金和政策扶持,整合利用支农资金,支持龙头企业发展,由政府牵头,引导同类农业龙头企业组建行业协会,提高参与国际国内市场竞争的组织化程度。希望政府能够通过各种途径组织参加展会,举办文化节,向全国推广章丘大葱及其加工产品,树立章丘优质、绿色的大葱新形象。

加大科技人才的扶持力度,促进农业龙头企业与大专院校、科研院所的结对共建,同时支持有条件、有实力的农业产业化龙头企业提高自身科技含量,建立企业自主技术研发机构,实现产学研结合,培育一批创新能力强、科技含量高的企业,研发一批附加值高的产品,带动上游农民、下游产业共同快速发展。

(二)技术层面

1.建立章丘大葱育、繁、推一体化技术中心

(1)育:搞好大葱育种。建设章丘大葱组培中心,通过组培、系统选育等方式纯化章丘大葱良种种性,搞好大葱繁育,培育适应性更强的章丘大葱良种(品系);建设葱类种质资源展示平台,汇世界葱类种质资源于一体,集大葱优良种性之大成,除增加观赏价值,利用其他种质资源的优良种性与章丘大葱融合,培育新的更好品种(品系)。

(2)繁:搞好大葱良种繁育。建设章丘大葱株选圃、原原种圃、原种圃和生产种制种田"三圃一田",进行大葱良种繁育。

(3)推:推广纯正章丘大葱良种。大葱良种按原原种、原种、生产种分类包装,为不同层次、不同需求的群体提供优质大葱良种。

2.建立大葱机械化推广中心

章丘大葱产业化发展的终极目标也在于实现全程机械化。建设章丘大葱工厂化育苗中心,要实现大葱全程机械化生产,工厂化育苗是关键。搞好全程机械化生产设备的研发与推广。在区农业部门的大力倡导、支持下,大葱机械化生产在开沟、培土等环节取得了一定成效,在机械化播种、移栽、收获等环节还有待研发。下一步要积极与全国农机流通协会、山东农业大学、青岛农业大学、山东农科院农业机械化研究所等科研、推广单位及各农机生产厂家密切联系,合力攻关,共同研发适合章丘大葱播种、移栽、收获的机械,相信不日将研发成功并应用于生产。届时,将真正意义上实现章丘大葱的全程机械化生产。

3.加强标准化、规范化基地建设

制定标准化基地建设规范,使章丘大葱生产在基地建设、种子、育苗、栽培技术、病虫害防治、收获等关键生产环节都有规范的技术标准,为大葱及其制品生产的各个环节把好

产品质量安全关提供可靠的科学依据。在大葱生产优势区域积极打造大葱生产的特优产区,培育一批大葱专业村、专业户,进一步发挥规模效益。同时通过加强科技服务体系建设,提高生产技术水平,推行规范化管理,对农户进行技术培训和生产指导。章丘大葱主产区今后的工作重点应放在标准化生产、质量提升上:要选育推广紧实度高、耐储运、适于出口加工的品种;要合理密植,科学管理,配方施肥;结合有害生物综合防治要求,转变种植思路,大葱全部采用生物、物理等无公害杀虫技术等。

(三)多渠道加大市场营销,努力打造知名品牌

进一步完善大葱产地市场的服务功能,加强大葱流通体系建设,鼓励发展大葱营销大户、生产营销专业合作社、农村经纪人队伍等流通组织,进一步开拓国内外市场,建立长期稳定的产品市场和流通渠道。

(1)进一步完善产地批发市场体系。在大葱主产区和集散地,分层次抓好一批地方性、区域性批发市场建设,打造具有较强辐射功能的专业性批发市场,改造升级传统批发市场,重点培育一批综合性产品交易市场,优化大葱批发市场网点布局。

(2)发展农产品物流业,尤其是冷链物流业,不断延伸市场销售半径,使鲜新大葱食品快速送达销地市场,扩大各地市场的可选择范围。目前,大葱销售渠道少,方式单一,一定程度上限制了大葱的发展。表现在包装形式不适合现代物流运输,保鲜措施欠缺,运输过程损毁,造成不必要的麻烦。解决措施为:建设大葱仓储物流与生鲜商品大葱冷链配送中心;建设恒温库,配套购置恒温及相关设备,用于物流配送等;配备冷藏冷冻的混合配送车辆,以及冷藏周转箱及恒温设备。

(3)依托大型批发市场、大葱专业市场及大型超市的农贸市场,建立价格追踪体系,做好市场价格风险评估预警。

(4)积极推行"品牌创建"工程,开展"三品一标"认证和商标注册,建立有影响力的区域品牌和集团品牌,提高品牌认知度、品牌美誉度、满意度,并利用品牌效益,加快章丘大葱产品走向国际化,逐步提高品牌在国内外市场的占有率。

(四)建立电子商务中心,拓宽大葱流通渠道

近年来,随着农业产业化的发展,优质农产品需要寻求更广阔的市场。传统的农产品销售方式难以在消费者心中建立起安全信誉,也难以确保生态农业基地生产的优质农产品的价值,很多特色农产品只能局限在产地,无法进入大市场、大流通,致使生产与销售脱节,消费引导生产的功能不能实现,农业结构调整、农民增收困难重重。由此,农产品电子商务交易平台应运而生,不仅引领了我国传统农业向信息化、标准化、品牌化的现代农业转变,并且还将促进特色农产品走向高端发展路线,实现统一为客户提供信息、质检、交

易、结算、运输等全程电子商务服务。在配送和销售过程中,通过制定和实施符合现代物流要求的技术标准,对农产品在流通过程中的包装、搬运、库存等质量进行控制,形成"从田间地头到餐桌"的完整产业链,由市场有效需求带动大葱产业化,提高农业生产区域化、专业化、规模化水平。

(五)大力发展精深加工,提高产业的总体效益

为进一步挖掘大葱的增收潜力,带动群众增收致富,努力探索大葱深加工,拉长产业链条,提振地方经济,搞好章丘大葱深加工势在必行。要做大做强章丘大葱产业,就必须加强大葱深加工技术的研究、引进和消化,大力发展精深加工,开发新产品,变以原料外销为主为以本地加工为主,实现加工增值。随着现代生活节奏的加快,方便食品需求日渐升温,脱水大葱需求量急增,国内、国际两大市场的前景看好。如果与大型方便食品加工企业联姻,借助章丘大葱的名优特质和品牌效应,必能形成强强联合,相得益彰。章丘大葱的产业发展,如果没有深加工下游产品,将是无本之木。搞好大葱深加工,带动葱农抓好生产搞好上游产品大葱生产,将使大葱生产形成一个闭环。通过精深加工以及高效综合利用,使得大葱深加工在多个领域中应用。各级部门应因势利导地吸引工商资本、民间资本和财政投入兴办大葱加工企业,引导大葱深加工产业的发展,延长产业链条,增加产品附加值。

深加工项目可实现大葱四季栽培,同时也能促进大葱的全程机械化推广。目前,章丘区与先进省区相比,正是缺乏代表性强、规模化程度高、带动能力突出的大葱深加工企业,所以,突破这一瓶颈是大葱健康发展的必然选择。

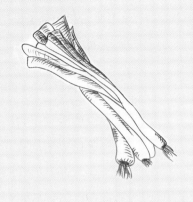

第二篇 / 生产篇

第三章　大葱需肥规律

大葱的产量取决于假茎(葱白)的长度和粗度,而假茎的生长又受发叶速度、叶片数量、叶面积等因素的影响。一般情况下,大葱叶数越多时,假茎越长越粗;叶身生长越壮,叶鞘越肥厚,假茎越粗大。同时,大葱假茎的长度和粗度又受重茬,基肥、追肥的施用,浇水时间,定植深度和培土高度等因素的影响。

一、大葱的养分需求特点

大葱是喜肥作物,对氮素营养的反应十分敏感。在氮、磷、钾肥料供应充足的情况下,增施钙、镁、锰、硼、铜和硫等营养元素对大葱的生长和品质也有一定的作用。大葱叶的生长需要较多的氮肥,如果氮肥供应不足,大葱叶数少,面积小,而且叶身中的营养物质向葱白中运输储存的也少。所以,缺氮不仅影响大葱的生长,而且也影响葱白的品质。钾肥仅次于氮肥,参与大葱光合作用和促进糖类的运输,特别是在葱白膨大期,钾肥供应不足会严重影响产量和品质。磷能促进新根发生,增强根系活力,扩大根系营养面积和吸收能力,对培育壮苗提高幼苗抗寒性和产量有重要作用。大葱育苗期磷肥不足,不仅苗重量明显降低,而且定植后植株的生长也受到一定的影响。

大葱对氮、磷、钾的吸收,以钾最多,氮次之,磷最少。据测定,每生长 1000kg 鲜葱,约需从土壤中吸收氮(N)2.7kg、磷(P_2O_5)0.5kg、钾(K_2O)3.3kg,氮、磷、钾三要素的比例为 $N：P_2O_5：K_2O＝5.4：1：6.6$。大葱生长对土壤中营养元素的需求是:土壤碱解氮含量低于 60mg/kg 时,施氮肥有显著增产效果;土壤有效磷含量低于 20mg/kg 时,大葱生长会受到严重影响;土壤速效钾含量低于 120mg/kg 时,增施钾肥可提高大葱产量和葱白品质。增施钾肥对大葱生长有明显的促进作用,且能有效提高大葱维生素 C 含量、可溶性糖含量,显著降低大葱硝酸盐含量,改善大葱的外观和内在品质,增收效果显著。当增加氮肥用量时,大葱产量也有所提高。

大葱生产中还需要补施镁、钙、硫等中量元素和微量元素铜、锌、硼、锰等。如果不能平衡施肥,就会造成大葱产量下降,品质变劣。在不同生育期,由于其生长量不同,大葱对养分的吸收量也不尽相同。大葱一般在营养生长期之后的产品器官形成需水肥较多。越冬大葱在幼苗期时,因气温较低,生长量很小,养分需要量也较少。春季返青到定植期为幼苗生长旺盛期,是培育壮苗的关键时期。定植期一般在翌年 6 月,定植后由于夏季气

温高,生长迟缓,养分吸收量很少。随着天气逐渐转凉,昼夜温差加大,植株生长速度加快,葱白开始迅速伸长和加粗,所以这一时期的养分需要量大,是施肥、培土软化、增加产量的关键时期。进入 11 月,温度下降,大葱遇霜后,植株生长几乎停止,养分吸收量迅速下降。

二、章丘大葱对矿质营养的吸收规律

大葱在不同生育阶段,生长量不同,生长中心也发生变化,对肥料的吸收量和吸收利用的营养元素也不同。大葱不同生育阶段和时期吸收利用矿质营养元素的规律与植株生长量密切相关。在大葱营养生长阶段,发芽期胚根和子叶的生长主要依赖种子胚乳供给营养,几乎不需要外来营养。幼苗期从第一片真叶长出到起苗定植,生长期较长,随着葱苗生长量的增加,对矿质营养的吸收量增大。秋季播种育苗时,越冬前葱苗生长量较小,对矿质元素的吸收较少。越冬时葱苗处于冬眠状态,生长极为微弱,几乎不吸收肥料。越冬后随着气温逐渐提高,葱苗生长量增加,需肥量也随之增加。春季播种育苗,幼苗无越冬休眠过程,从播种到起苗定植,葱苗生长量逐渐增加,需肥量也逐渐增大。幼苗期葱苗生长以叶片为主,对氮素肥料的吸收量最大。据测定,此期氮与钾的吸收比为 1 ∶ 0.9。根据气候变化,大葱生长可分为缓慢生长期、葱白旺盛生长期和葱白充实期。缓慢生长期从定植到 8 月中旬,此期温度偏高,不利于大葱生长,处于缓慢生长阶段,对肥料的吸收量较少。进入 8 月中旬以后,随着气温的降低和昼夜温差增大,进入葱白旺盛生长期,大葱生长量迅速增加,对矿质营养的吸收迅速增加。进入 11 月,大葱遇霜后植株生长停止,大葱叶片中的有机物质继续向葱白中转运,进入葱白充实期。葱白充实期的大葱叶片和根系逐渐衰老,吸收矿质营养的能力迅速下降。葱白形成前期,大葱叶片与葱白共同生长;葱白形成后期,葱白生长所占植株生长总量的比值增大,此期对钾肥的吸收量逐渐增大,氮与钾的吸收比为 1 ∶ 1.2。

大葱生殖生长阶段从种株栽植至种子收获。根据定植时的种株大小和定植种株生长期长短(株龄),大葱采种可分为成株采种与半成株采种。大葱生殖生长阶段对矿质养分的吸收因采种方式的不同而异。成株采种,种株大,体内积累的养分多,生理年龄老,生殖生长阶段种株生长量小,吸收矿质营养少。半成株采种,生殖生长阶段生命力强,种株生长量和对矿质营养的吸收量都大于成株采种。在生殖生长进程中,大葱种株对矿质养分的吸收变化是:氮、磷营养的吸收量占三要素的比率逐渐减小,钾的吸收比率增加。在种子中,磷的相对含量高于其他器官。

据山东省农业科学院蔬菜花卉研究所陈运起教授和山东农业大学园艺科学与工程学院董飞等人对章丘大葱研究,有以下结论:

(1)大量元素的需肥量:苗期氮的需肥量占整个生长期需肥量的32.15%。大葱定植后氮的阶段需肥量以6月15日至8月15日逐渐增加,8月15日至9月15日有所降低,9月15日至10月15日又迅速上升并达到最大值,在收获前一个月需氮量急剧下降。苗期磷的需肥量占整个生长期需肥量的33.20%。大葱定植后磷的阶段需肥量的趋势和氮的阶段需肥量的趋势一致。苗期钾的需肥量占整个生长期需肥量的23.61%。大葱定植后钾的阶段需肥量逐渐增加,在收获前一个月达最高。

(2)中量元素的需肥量:苗期硫的需肥量占整个生长期需肥量的15.60%,6月15日以后逐渐上升,对硫的需要量越来越大。苗期钙的需肥量占整个生长期的32.88%。定植后阶段需钙量先逐渐增加,9月15日至10月15日达到最大值,之后有所减少。苗期镁的需肥量占整个生长期需肥量的28.44%。定植后的阶段需肥量的趋势与硫的趋势一致,随着生长发育进程的进行,阶段需肥量逐渐增加,10月15日至11月15日达最大值。

(3)微量元素的需肥量:苗期铜、锌的需肥量占整个生长期肥量的比值分别为34.72%、42.91%。定植后铜、锌的阶段需肥量逐渐增加。苗期铁、锰的需肥量占整个生长期需肥量的比值分别为18.70%、23.33%。定植后铁、锰的阶段需要量在7月5日至8月15日有所下降,随后逐渐增加,均在收获前一个月达最大值。苗期硼的需肥量占整个生长期需肥量的25.85%。定植后硼的阶段需肥量先是逐渐增加,8月15日至9月15日有所降低,然后逐渐增加,且增加趋势强烈,10月15日至1月15日阶段需肥量最大。

通过对大葱不同生育期生长量及各元素含量的测定,确定大葱的阶段需肥量以及各元素在不同器官的分布。结果表明:大葱在10~11月生长量最大,生长最为迅速;大葱对各元素的阶段需要量除氮、磷、钙3种元素,其余8种元素均是10~11月的阶段需肥量最大,除铁、锰2种元素,其他元素均是6~7月的阶段需肥量最小。磷、硫、镁、铜、锌、铁、锰主要分布在大葱的根部,氮、钾、钙在大葱叶中的含量较多,而硼则在假茎中的比重较大。

第四章　章丘大葱主产区耕地地力及灌溉水分析

按照原农业部耕地质量调查和评价的规程和分级标准,结合当地实际情况,选取对耕地地力影响较大(如地形部位、灌排条件等)、区域内变异明显(如坡度、有效土层厚度等)、在时间序列上具有相对稳定性(如土壤质地、有机质含量等)、与农业生产有密切关系(如气候因素等)的 11 个因素,建立评价指标体系。以 1∶50000 耕地土种图与土地利用现状图叠加形成的图斑为评价单元,应用模糊综合评判方法,通过综合分析,将章丘区耕地共划分为 6 个等级(见表 4-1)。

表 4-1　章丘耕地地力评价结果面积统计

等级	一级地	二级地	三级地	四级地	五级地	六级地	总计
面积(hm²)	14447.0	19419.4	18009.2	16426.1	7286.1	571.2	76159
百分比(%)	18.9	25.5	23.6	21.6	9.6	0.8	100

一级地和二级地主要分布在章丘区中北部。该区经过黄淮海开发等大型农业基础工程的实施,区域内农业基础设施均配套成型,且地力条件比较好。章丘大葱主产区全部位于该区域内,这为章丘大葱的高产奠定了坚实的基础。

第一节　章丘大葱主产区耕地土壤物理性状

土壤物理性状是重要的肥力因素,调节土壤中的水、肥、气、热状况,能反映农业生产的综合性能。土壤物理性状主要包括土壤质地、土体构型、土壤结构、土壤容重、土壤孔隙度等。

一、土壤质地

第二次土壤普查时,章丘区的土壤质地按照卡庆斯基制(苏联制)进行分类,为与国际接轨采用国际制,其对应名称如表 4-2 所示。

表 4-2　不同质地的土壤分布情况

质地		分布范围
国际制	卡庆斯基制	
松沙土	松沙土	分布在黄河镇、高官寨街道办事处大砂溜沿黄一带
紧沙土	紧沙土	分布在黄河镇侯家、北大寨及曹徐附近
沙质壤土	沙壤土	分布在黄河镇、高官寨街道办事处大部、 白云湖街道办事处的原水寨镇全部及刁镇北部地区
壤土	轻壤土	散布于全区部分地区
黏壤土	中壤土	广泛分布于全区大部地区
壤质黏土	重壤土	分布在白云湖街道办事处康家和水稻土分布区
砾质土	石渣土	分布在中部和南部低山丘陵区

　　章丘区土壤质地主要为黏壤土（卡庆斯基制为中壤土），其次为壤土（卡庆斯基制为轻壤土）。章丘区黏壤土面积最大，分布范围最广，占全区耕地总面积的 57.63%，主要分布在相公庄街道办事处、龙山街道办事处、宁家埠街道办事处、枣园街道办事处、埠村街道办事处、绣惠街道办事处、文祖街道办事处、曹范街道办事处、刁镇、圣井街道办事处的大部分地区，明水街道办事处胶济铁路以北的绣水、王白庄、官道店等村周围，双山街道办事处胶济铁路以南陈庄、杨胡、贺套等村周围。其特点是：土壤物理性黏粒含量占 5%～25%，沙黏适中，耕性较好，适耕期长，水、气、热协调，潜在肥力高，为生产性能较好的土壤质地类型。

　　章丘大葱主产区的龙山街道办事处、宁家埠街道办事处、枣园街道办事处、绣惠街道办事处、刁镇等 5 个镇街全部位于此区域内。

二、土体构型

　　按照第二次土壤普查结果，章丘区土壤土体构型主要有 12 种：薄层型（包括极薄层、薄层、中层），壤均质及下位黏土层型（包括轻壤均质、中壤均质、下位夹黏），黏均质及上位粘土层型（包括黏均质、上位夹黏），砂均质及夹砂型（包括砂均质、上位夹砂、下位夹砂、夹砾石层等不良的土体构型）。

　　章丘大葱主产区耕地土壤土体构型为壤均质及下位黏土层型，是良好的土体构型，也是全区土壤的主要土体构型，质地适中，适耕期长，土壤保水保肥性能好，供水供肥能力强，适宜种植各种作物，是全区高产稳产田的主要剖面构型。

三、土壤结构

　　章丘区土壤主要有团粒状结构、碎块状、块状、棱柱状（俗称"立土"）、单粒状（无结

构)、粒状和小粒状。

章丘大葱主产区主要为褐土类,其耕层土壤结构为团粒结构。该结构为较好的结构,水、肥、气、热协调,利于作物优质、高产。

四、土壤容重

土壤容重在 $1.00\sim1.7\mathrm{g/cm^3}$(亦有人称 $1.00\sim1.35\mathrm{g/cm^3}$)较为适宜,土层越深,则容重越大。土壤容重越小,说明土壤结构、透气透水性能越好。

章丘大葱主产区耕层土壤容重为 $1.17\mathrm{g/cm^3}$,低于全区平均值($1.35\mathrm{g/cm^3}$);亚耕层土壤容重为 $1.32\mathrm{g/cm^3}$,也低于全区平均值($1.47\mathrm{g/cm^3}$)。

章丘大葱主产区土壤容重较低,且低于全区平均值,有利于大葱的生长发育。

五、土壤孔隙度

耕层土壤总孔隙度一般为 $30\%\sim60\%$。土壤孔隙度以 50% 或稍大,通气孔隙度为 $9.6\%\sim13.7\%$ 为好。

章丘大葱主产区耕地耕层土壤总孔隙度为 55.8%,比全区平均值(50.9%)大;通气孔隙度为 18.9%,大于全区平均值(15.5%);毛管孔隙度为 36.9%,大于全区平均值(35.4%)。

章丘大葱主产区耕地亚耕层土壤总孔隙度为 50.8%,比全区平均值(46.6%)大;通气孔隙度为 10.4%,低于全区平均值(11.9%);毛管孔隙度为 39.6%,大于全区平均值(33.8%)。

章丘大葱主产区土壤总孔隙度、通气孔隙度大,土壤水、肥、气、热协调,对大葱的生长发育十分有利。

第二节　章丘大葱主产区耕地土壤化学性状

对章丘大葱主产区共化验分析耕层土样 80 个(样品来源:《章丘市测土配方施肥补贴项目》采集样品),其中枣园街道办事处土样 19 个、龙山街道办事处 20 个、宁家埠街道办事处 20 个、绣惠街道办事处 16 个、刁镇 5 个。化验分析土壤有机质、pH;大量元素:全氮、有效磷、缓效钾、速效钾;中量元素:交换性钙、交换性镁、有效硫等;微量元素:有效铜、有效锌、有效铁、有效锰、有效硼、有效钼等。

一、土壤有机质和 pH

(一)土壤有机质

大葱主产区耕地土壤有机质含量变化范围为 $8.2\sim24.2\mathrm{g/kg}$,平均值为 $15.9\mathrm{g/kg}$,比

全区平均值15.4g/kg高出0.5g/kg。

龙山街道办事处大葱产区有机质含量变化范围为16.2～24.2g/kg,标准差为2.75g/kg,变异系数为17.1%,平均值为15.9g/kg,比全区平均值15.4g/kg高出0.5g/kg。

宁家埠街道办事处大葱产区有机质含量变化范围为8.2～22.9g/kg,标准差为3.13g/kg,变异系数为18.5%,平均值为16.9g/kg,比全区平均值15.4g/kg高出1.5g/kg。

绣惠街道办事处大葱产区有机质含量变化范围为8.7～21.4g/kg,标准差为3.14g/kg,变异系数为25.1%,平均值为15.7g/kg,比全区平均值15.4g/kg高出0.3g/kg。

刁镇大葱产区有机质含量变化范围为12.5～21.8g/kg,标准差为4.4g/kg,变异系数为23.2%,平均值为17.4g/kg,比全区平均值15.4g/kg高出2g/kg。

枣园街道办事处大葱产区有机质含量变化范围为11.9～18.4g/kg,标准差为1.54g/kg,变异系数为10.8%,平均值为14.3g/kg,比全区平均值低。

大葱主产区耕层土壤有机质含量除枣园街道办事处略低于全区平均值,其余皆高于全区平均值,其中:刁镇＞宁家埠街道办事处＞龙山街道办事处＞绣惠街道办事处＞枣园街道办事处。大葱主产区耕地土壤有机质含量总体水平较高。

（二）土壤pH

大葱主产区耕地土壤pH变化范围为6.77～8.34,平均值为7.69。其中枣园街道办事处、龙山街道办事处、宁家埠街道办事处、绣惠街道办事处、刁镇大葱产区pH平均值分别为7.49、7.49、7.82、7.93、7.82。

适宜大葱生长的pH为5.7～8.0,土壤pH低于6.5或高于8.5,对种子发芽、植株生长有抑制作用,由此看来,5个大葱主产区的pH均适合大葱生长。

二、土壤大量元素

（一）土壤全氮

大葱主产区耕地土壤全氮含量变化范围为0.69%～1.51%,平均值为1.11%,比全区平均值1.25%低0.14个百分点。

龙山街道办事处大葱产区全氮含量变化范围为0.92%～1.51%,标准差为0.14%,变异系数为12%,低于全区平均值。

宁家埠街道办事处大葱产区全氮含量变化范围为0.9%～1.34%,标准差为0.13%,变异系数为11.1%,平均值为1.15,低于全区平均值0.1个百分点。

绣惠街道办事处大葱产区全氮含量变化范围为0.69%～1.46%,标准差为0.25%,变异系数为22.1%,平均值为1.13%,低于全区平均值0.12个百分点。

刁镇大葱产区全氮含量变化范围为 0.87%～1.28%,标准差为 0.19%,变异系数为 17.7%,平均值为 1.08%,低于全区平均值 0.17 个百分点。

枣园街道办事处大葱产区全氮含量变化范围为 0.75%～1.18%,标准差为 0.1%,变异系数为 10.6%,平均值为 0.99%,低于全区平均值 0.26 个百分点。

(二)土壤有效磷

大葱主产区耕地土壤有效磷含量变化范围为 13.7～105.3mg/kg,平均值为 47.5mg/kg,比全区平均值 33.3mg/kg 高出 14.2mg/kg。

龙山街道办事处大葱产区有效磷含量变化范围为 15.4～105.3mg/kg,标准差为 22.37mg/kg,变异系数为 48.3%,平均值为 46.3mg/kg,高出全区平均值 13mg/kg。

宁家埠街道办事处大葱产区有效磷含量变化范围为 13.7～75.9mg/kg,标准差为 14.4mg/kg,变异系数为 32.7%,平均值为 44mg/kg,高出全区平均值 10.7mg/kg。

绣惠街道办事处大葱产区有效磷含量变化范围为 18.1～88.2mg/kg,标准差为 19.8mg/kg,变异系数为 39.4%,平均值为 50.2mg/kg,高出全区平均值 16.9mg/kg。

刁镇大葱产区有效磷含量变化范围为 21.7～52mg/kg,标准差为 14.24mg/kg,变异系数为 38.9%,平均值为 36.6mg/kg,高出全区平均值 3.3mg/kg。

枣园街道办事处大葱产区有效磷含量变化范围为 24.6～96.5mg/kg,标准差为 20.68mg/kg,变异系数为 39.1%,平均值为 52.9mg/kg,高出全区平均值 19.6mg/kg。

大葱主产区耕层土壤有效磷含量皆高于全区平均值,其中:枣园街道办事处>绣惠街道办事处>龙山街道办事处>宁家埠街道办事处>刁镇。

(三)土壤缓效钾

大葱主产区耕地土壤缓效钾含量变化范围为 563～1230mg/kg,平均值为 887mg/kg,比全区平均值 757mg/kg 高出 130mg/kg。

龙山街道办事处大葱产区缓效钾含量变化范围为 674～1144mg/kg,标准差为 142mg/kg,变异系数为 15.8%,平均值为 900mg/kg,高出全区平均值 143mg/kg。

宁家埠街道办事处大葱产区缓效钾含量变化范围为 716～1167mg/kg,标准差为 124mg/kg,变异系数为 14.1%,平均值为 886mg/kg,高出全区平均值 129mg/kg。

绣惠街道办事处大葱产区缓效钾含量变化范围为 563～1006mg/kg,标准差为 132.6mg/kg,变异系数为 16.1%,平均值为 824mg/kg,高出全区平均值 67mg/kg。

刁镇大葱产区缓效钾含量变化范围为 728～941mg/kg,标准差为 90mg/kg,变异系数为 10.5%,平均值为 851mg/kg,高出全区平均值 94mg/kg。

枣园街道办事处大葱产区缓效钾含量变化范围为 774～1230mg/kg,标准差为

126mg/kg,变异系数为13.4％,平均值为938mg/kg,高出全区平均值181mg/kg。

大葱主产区耕层土壤缓效钾含量皆高于全区平均值,其中:枣园街道办事处＞龙山街道办事处＞宁家埠街道办事处＞绣惠街道办事处＞刁镇。

(四)土壤速效钾

大葱主产区耕地土壤速效钾含量变化范围为42.6～213.6mg/kg,平均值为114.9mg/kg,比全区平均值105mg/kg高出9.9mg/kg。

龙山街道办事处大葱产区速效钾含量变化范围为69～213.6mg/kg,标准差为36.1mg/kg,变异系数为30.9％,平均值为117.6mg/kg,高出全区平均值12.6mg/kg。

宁家埠街道办事处大葱产区速效钾含量变化范围为91.9～172.5mg/kg,标准差为21.8mg/kg,变异系数为17.8％,平均值为122.7mg/kg,高出全区平均值17.7mg/kg。

绣惠街道办事处大葱产区速效钾含量变化范围为42.6～210.8mg/kg,标准差为47.7mg/kg,变异系数为48.1％,平均值为99mg/kg,略低于全区平均值。

刁镇大葱产区速效钾含量变化范围为73.2～151.9mg/kg,标准差为30.9mg/kg,变异系数为30.9％,平均值为99.9mg/kg,略低于全区平均值。

枣园街道办事处大葱产区速效钾含量变化范围为55.5～185.4mg/kg,标准差为36.2mg/kg,变异系数为29.9％,平均值为121.3mg/kg,高出全区平均值16.3mg/kg。

大葱主产区耕层土壤速效钾含量除绣惠街道办事处、刁镇略低于全区平均值,其余皆高于全区平均值,其中:宁家埠街道办事处＞枣园街道办事处＞龙山街道办事处＞刁镇＞绣惠街道办事处。

综上所述,大葱主产区耕层土壤全氮含量全部低于全区平均值,耕层土壤有效磷、缓效钾、速效钾含量全部高于全区平均值。这一方面归功于全区近几年测土配方施肥工作的持续推进,另一方面归功于在大葱生产过程中广大葱农严格按照标准化生产。

三、土壤中量元素

(一)土壤交换性钙

大葱主产区耕地土壤交换性钙含量变化范围为2.28～7.52g/kg,平均值为4.7g/kg,比全区平均值4.47g/kg高出0.23g/kg,但远低于济南市平均值(16.47g/kg),甚至低于全省平均值(7.72g/kg),主要原因应该与土壤类型有关。据山东省农科院杨力、山东省土壤肥料总站泉维杰等人的研究,不同土类的交换性钙含量依次为:潮土＞砂姜黑土＞褐土＞盐土＞粗骨土＞棕壤。章丘区大葱主产区均为褐土土类,其交换性钙含量偏低。

据山东农业大学的研究报道,适量施钙可显著促进章丘大葱生长,提高叶片氮代谢酶活性及不同形态氮含量,提高产量及品质。综合分析表明,以营养液钙水平6mmol/L、土

壤施钙450kg/hm² 时最有利于大葱的生长及产量品质的提高。

钙主要存在于植株的老器官和组织中,是一种比较不易移动的元素。钙既可作为营养元素供植株吸收利用,又能促进土壤有效养分的形成,改善土壤环境,从而促进大葱生长发育。缺钙时大葱植株生长受抑制,根尖、茎端、顶叶等幼嫩器官首先表现症状。随钙素水平的降低,大葱干尖病情指数逐渐增加,根系活力逐渐降低,分蘖数、叶片数、植株鲜重等生长指标也随之降低;光合色素含量迅速降低;叶片和假茎内大蒜素和可溶性糖含量降低,维生素C含量则升高。缺钙还会影响大葱的营养和风味。

因此,在章丘大葱产区施用钙肥还有很大空间,鼓励并推行施用钙肥非常有必要而且可行。济南市章丘区农业农村局在宁家埠进行的试验也表明了这一点。

（二）土壤交换性镁

大葱主产区耕地土壤交换性镁含量变化范围为 0.264～0.51g/kg,平均值为 0.43g/kg,与全区平均值0.41g/kg 基本持平,低于全省平均值(0.48g/kg)。

龙山街道办事处大葱产区交换性镁含量变化范围为 0.33～0.51g/kg,标准差为 0.05g/kg,变异系数为 11.4%,平均值为 0.45g/kg。

宁家埠街道办事处大葱产区交换性镁含量变化范围为 0.37～0.49g/kg,标准差为 0.06g/kg,变异系数为 13.1%,平均值为 0.42g/kg。

绣惠街道办事处大葱产区交换性镁含量变化范围为 0.26～0.41g/kg,标准差为 0.06g/kg,变异系数为 18.5%,平均值为 0.33g/kg。

枣园街道办事处大葱产区交换性镁含量变化范围为 0.44～0.50g/kg,标准差为 0.47g/kg,变异系数为 5.9%,平均值为 0.47g/kg。

镁主要存在于幼嫩器官和组织中,植物成熟时则集中于种子。镁离子在光合和呼吸过程中,可以活化各种磷酸变位酶和磷酸激酶,是叶绿素的合成成分之一。施镁可以促进大葱植株生长发育,提高产量和商品性。缺镁会影响叶绿素合成,叶片叶脉仍绿而叶脉间变黄,有时呈红紫色。若缺镁严重,叶片则形成褐斑而坏死。因此,在章丘大葱产区应重视镁肥的施用。

（三）有效硫

大葱主产区耕地土壤有效硫含量变化范围为 44.12～79.36mg/kg,平均值为 55.68mg/kg,比全区平均值 51.5mg/kg 高出 4.18mg/kg;比全省平均值 47.31mg/kg 高出 8.39mg/kg。

龙山街道办事处大葱产区有效硫含量变化范围为 44.12～77.28mg/kg,标准差为 11.72mg/kg,变异系数为 19.8%,平均值为 59.12mg/kg,高出全区平均值7.62mg/kg。

宁家埠街道办事处大葱产区有效硫含量变化范围为 56.6～72.48mg/kg,标准差为 6.00mg/kg,变异系数为 9.3%,平均值为 64.25mg/kg,高出全区平均值 12.75mg/kg。

绣惠街道办事处大葱产区有效硫含量变化范围为 44.72～51.23mg/kg,标准差为 3.14mg/kg,变异系数为 6.7%,平均值为 46.54mg/kg,略低于全区平均值。

枣园街道办事处大葱产区有效硫含量变化范围为 64.21～79.36mg/kg,标准差为 7.02mg/kg,变 异 系 数 为 10.1%,平 均 值 为 69.22mg/kg,高 出 全 区 平 均 值 17.72mg/kg。

章丘大葱产区有效硫显著高于全区及全省平均值,主要是大力提倡大葱产区应用硫酸钾复合肥所致。

植物从土壤中吸收硫酸根离子,进入植物体后,一部分保持不变,大部分被还原成硫,进而被同化为半胱氨酸、胱氨酸和甲硫氨酸等。硫也是硫辛酸、辅酶 A、硫胺素焦磷酸、谷胱甘肽、生物素、腺苷酰硫酸和腺苷三磷酸等的组成分之一。施硫能够显著促进大葱的生长,提高其硫含量、有机硫含量和吸硫量,并且在一定程度上提高植株吸氮量。缺硫的症状似缺氮,包括缺绿、矮化、积累花色素苷等。区别是缺硫的缺绿是从嫩叶开始的,而缺氮则是在老叶中先出现的。因此,大葱种植过程中重视硫素的应用非常重要和必要。

中量元素钙、镁、硫对作物的影响不同,但是它们之间是相互影响、相互制约的。只有调配好它们之间的比例以及在不同生长发育阶段的需求量,才能充分发挥中量元素钙、镁、硫的作用,提高作物的产量以及商品性。

四、土壤微量元素

(一)有效铜

大葱主产区耕地土壤有效铜含量变化范围为 0.34～3.05mg/kg,平均值为 1.25mg/kg,比全区平均值 1.21mg/kg 高出 0.04mg/kg。

龙山街道办事处大葱产区有效铜含量变化范围为 0.34～3.05mg/kg,标准差为 0.69mg/kg,变异系数为 47.6%,平均值为 1.44mg/kg,高出全区平均值 0.23mg/kg。

宁家埠街道办事处大葱产区有效铜含量变化范围为 0.94～1.29mg/kg,标准差为 0.14mg/kg,变异系数为 12.7%,平均值为 1.11mg/kg,略低于全区平均值。

绣惠街道办事处大葱产区有效铜含量变化范围为 0.58～1.13mg/kg,标准差为 0.23mg/kg,变异系数为 25.8%,平均值为 0.88mg/kg,低于全区平均值。

枣园街道办事处大葱产区有效铜含量变化范围为 0.84～1.44mg/kg,标准差为 0.28mg/kg,变异系数为 25.1%,平均值为 1.11mg/kg,略低于全区平均值。

（二）有效锌

大葱主产区耕地土壤有效锌含量变化范围为 0.45～2.48mg/kg，平均值为 1.35mg/kg，比全区平均值 1.46mg/kg 低 0.11mg/kg。

龙山街道办事处大葱产区有效锌含量变化范围为 0.45～2.05mg/kg，标准差为 0.49mg/kg，变异系数为 36.6％，平均值为 1.26mg/kg。

宁家埠街道办事处大葱产区有效锌含量变化范围为 1.28～1.96mg/kg，标准差为 0.28mg/kg，变异系数为 17.9％，平均值为 1.53mg/kg。

绣惠街道办事处大葱产区有效锌含量变化范围为 1.13～1.54mg/kg，标准差为 0.18mg/kg，变异系数为 14.3％，平均值为 1.28mg/kg。

枣园街道办事处大葱产区有效锌含量变化范围为 0.56～2.48mg/kg，标准差为 0.98mg/kg，变异系数为 63.1％，平均值为 1.56mg/kg。

（三）有效铁

大葱主产区耕地土壤有效铁含量变化范围为 8.19～20.93mg/kg，平均值为 12.95mg/kg，比全区平均值 13.62mg/kg 低 0.67mg/kg。

龙山街道办事处大葱产区有效铁含量变化范围为 8.37～20.93mg/kg，标准差为 3.69mg/kg，变异系数为 26.8％，平均值为 13.79mg/kg。

宁家埠街道办事处大葱产区有效铁含量变化范围为 11.89～14.30mg/kg，标准差为 1.02mg/kg，变异系数为 7.8％，平均值为 12.98mg/kg。

绣惠街道办事处大葱产区有效铁含量变化范围为 10.63～18.21mg/kg，标准差为 3.55mg/kg，变异系数为 27.5％，平均值为 10.93mg/kg。

枣园街道办事处大葱产区有效铁含量变化范围为 8.19～10.47mg/kg，标准差为 1.08mg/kg，变异系数为 11.1％，平均值为 9.78mg/kg。

（四）有效锰

大葱主产区耕地土壤有效锰含量变化范围为 4.87～27.87mg/kg，平均值为 11.02mg/kg，比全区平均值 8.29mg/kg 高 2.73mg/kg。

龙山街道办事处大葱产区有效锰含量变化范围为 4.87～27.87mg/kg，标准差为 6.76mg/kg，变异系数为 51.7％，平均值为 13.08mg/kg。

宁家埠街道办事处大葱产区有效锰含量变化范围为 6.67～10.35mg/kg，标准差为 1.52mg/kg，变异系数为 18.2％，平均值为 8.36mg/kg。

绣惠街道办事处大葱产区有效锰含量变化范围为 6.54～22.41mg/kg，标准差为 7.67mg/kg，变异系数为 70.2％，平均值为 10.93mg/kg。

枣园街道办事处大葱产区有效锰含量变化范围为 6.19～7.22mg/kg，标准差为 0.42mg/kg，变异系数为 6.3％，平均值为 6.69mg/kg。

（五）有效硼

大葱主产区耕地土壤有效硼含量变化范围为 0.17～0.52mg/kg，平均值为 0.29mg/kg，比全区平均值 0.32mg/kg 低 0.03mg/kg。

龙山街道办事处大葱产区有效硼含量变化范围为 0.17～0.44mg/kg，标准差为 0.09mg/kg，变异系数为 30.4％，平均值为 0.29mg/kg。

宁家埠街道办事处大葱产区有效硼含量变化范围为 0.25～0.52mg/kg，标准差为 0.11mg/kg，变异系数为 34.5％，平均值为 0.32mg/kg，与全区平均值持平。

绣惠街道办事处大葱产区有效硼含量变化范围为 0.22～0.35mg/kg，标准差为 0.06mg/kg，变异系数为 22.1％，平均值为 0.28mg/kg。

枣园街道办事处大葱产区有效硼含量变化范围为 0.17～0.29mg/kg，标准差为 0.05mg/kg，变异系数为 21.5％，平均值为 0.25mg/kg。

章丘大葱主产区土壤有效硼含量除宁家埠街道办事处与全区平均值持平，其余均低于全区平均水平。

（六）有效钼

大葱主产区耕地土壤有效硼含量变化范围为 0.13～0.16mg/kg，平均值为 0.09mg/kg，比全区平均值 0.10mg/kg 低 0.01mg/kg。

龙山街道办事处大葱产区有效硼含量变化范围为 0.03～0.16mg/kg，标准差为 0.05mg/kg，变异系数为 45.8％，平均值为 0.10mg/kg，与全区平均值持平。

宁家埠街道办事处大葱产区有效硼含量变化范围为 0.05～0.14mg/kg，标准差为 0.04mg/kg，变异系数为 12.9％，平均值为 0.10mg/kg，与全区平均值持平。

绣惠街道办事处大葱产区有效硼含量变化范围为 0.05～0.14mg/kg，标准差为 0.04mg/kg，变异系数为 43.1％，平均值为 0.09mg/kg。

枣园街道办事处大葱产区有效硼含量变化范围为 0.05～0.09mg/kg，标准差为 0.02mg/kg，变异系数为 25.3％，平均值为 0.07mg/kg。

章丘大葱主产区土壤有效钼含量除宁家埠街道办事处、龙山街道办事处与全区平均值持平，其余均低于全区平均水平。

五、章丘大葱主产区土壤硒含量

据测定，济南市章丘区表层和深层土壤样品中硒的含量平均分别为 0.32mg/kg 和 0.13mg/kg，表层土壤硒含量是深层土壤的 2.5 倍，是山东土壤硒背景值（0.13mg/kg）

含量的 2.5 倍,比全国土壤硒背景(0.29mg/kg)含量略高,这表明章丘地区表层土壤中硒含量相对全省土壤背景硒含量呈显著富集的特征。

依据李家熙对低硒土壤(0.1~0.2mg/kg)、中硒土壤(0.2~0.4mg/kg)、富硒土壤(>0.4mg/kg)的划分,章丘区土壤硒含量的分布以中硒土壤为主,面积为 1246km²,富硒土壤面积为 173km²,主要分布在章丘中南部广大地区,低硒土壤主要分布在章丘北部地区。从土壤类型来看:水稻土>褐土>砂姜黑土>棕壤>潮土。水稻土主要分布在明水泉以北、李家亭以南的绣江路两侧的狭长地带,面积为 228hm²,仅占可利用面积的 0.3%;砂姜黑土主要分布于白云湖以南、宁家埠街道办事处西北部和龙山街道办事处北端,总面积为 2280hm²,占可利用面积的 3%;棕壤在章丘区的分布范围也较小,主要分布在垛庄镇官营办事处以及长城岭中下部和沟谷间,面积为 1733hm²,占耕地面积的 2.3%。因此,章丘含硒土壤主要为褐土土类区,且章丘大葱主产区皆在此区域内。

据测定,与普通大葱营养成分含量相比,章丘大葱营养成分较均衡,其中,总糖、蛋白质及维生素 C 含量与普通大葱很接近;硒、钾、锰、锌、磷和铜含量均高于普通大葱,又以硒、磷、钾最突出;氨基酸方面,丝氨酸、谷氨酸、丙氨酸和胱氨酸高于普通大葱,又以谷氨酸较突出,其他氨基酸均低于普通大葱。章丘大葱植株样本的硒含量平均为 20.8μg/kg,是其他地区大葱硒含量的数倍,显示了明显的富硒特征。另据有关资料,我国普通大葱的硒含量一般为 6.7μg/kg,而章丘大葱的平均硒含量可达该值的 3.1 倍,宁家埠、绣惠等章丘大葱主产区部分样品硒含量甚至可达到 5~6 倍,由此可见章丘大葱的富硒水平与全国相比仍较突出。

第三节 章丘大葱主产区灌溉水质量

章丘大葱主产区灌溉用水主要来自绣江河水及地下水。灌溉水质量对农田土壤具有一定的影响。如果灌溉水重金属含量过高,势必会对农田土壤产生污染;如果酸度过低,也会影响作物的正常生长。章丘区灌溉水元素含量如表 4-3 所示。

表 4-3 章丘区灌溉水元素含量

元素	最大值(mg/L)	最小值(mg/L)	均值(mg/L)	标准(mg/L)
As	0.0068	0.0003	0.0015	0.1
Hg	0.00017	0.00002	0.00006	0.001
Ni	0.028	0.004	0.009	—
Pb	0.00465	0.00006	0.0017	0.1

续表

元素	最大值(mg/L)	最小值(mg/L)	均值(mg/L)	标准(mg/L)
Zn	0.96	0.00001	0.0496	2
Cu	0.0099	0.0011	0.0031	1
Cd	0.000075	0.000005	0.000028	0.006
Cr	0.014	0.001	0.005	0.1
Se	0.0078	0.0008	0.0030	0.02
F	1.18	0.17	0.422	2
P	1.56	0.015	0.211	10
pH	8.32	6.84	7.66	5.5~8.5

由表4-3可知,大葱主产区灌溉水中的重金属元素含量均较低,远低于农田灌溉水标准值(GB 5084—2005)。灌溉水pH较适宜,以中偏碱性为主。以上数据表明大葱主产区灌溉水的质量状况良好,都能达到一级标准。

总之,章丘大葱高产优质除其优良的种性内因,与其产地友好的生产环境也是分不开的。

第一,章丘大葱主产区皆处全区一、二级耕地范围之内,该区域耕地处于中部的平原地区,地势平坦,土壤肥沃,生态环境优美。大葱主产区土壤以褐土为主,有机质含量在15.4g/kg以上,pH平均值为7.69,全氮为1.25%,有效磷大于47.5mg/kg,速效钾大于114.9mg/kg,中、微量元素丰富,且富含硒元素,土壤容重低,孔隙度大,团粒结构好,土层深厚,土质疏松,保水保肥能力强,利于大葱实现高产优质。

第二,章丘大葱主产区灌溉用水主要来自绣江河。河水源头来自与济南趵突泉齐名的百脉泉,泉水清洌、甘甜,无污染,可谓"大自然赐予的甘露",且含多种人体需要的有益微量元素,重金属等含量全部低于国家控制标准,灌溉指标完全符合国家绿色无公害农产品生产的要求。

第三,气候条件适宜。章丘区属暖温带半湿润性季风气候,其特点:气候温和,四季分明,冬季寒冷少雨雪,春季干旱多风,夏季炎热多雨,秋季天高气爽温差大,有利于作物生长发育。光照:该区光照资源丰富,日照时间长,光照充足,有利于作物的光合作用,常年平均日照时数为2647.6小时,占全年可照时间的56%。温度:年积温4580℃,平均气温为12.9℃,7月最高32.1℃,1月最低-13.2℃。无霜期210天左右,自然农耕期长达290天左右。夜间凉爽,昼夜温差大,有利于作物积累养分。

第五章 章丘大葱测土配方施肥技术

第一节 章丘大葱施肥指标体系

一、主要施肥参数的分析计算

（一）大葱形成 100kg 经济产量养分吸收量的分析计算

济南市章丘区农业农村局在测土配方施肥项目中，利用大葱测产时的植株取样干重和植株全量养分分析结果，计算大葱形成 100kg 经济产量时的养分吸收量。通过对不同产量下"3414"小区试验 $N_2P_2K_2$ 处理的 45 个样品进行分析，得出分析结果（见表 5-1）。通过分析发现，随着产量水平的提高，大葱形成 100kg 经济产量所需养分量也逐渐增加。大葱形成 100kg 经济产量所需养分量：N 0.295kg、P_2O_5 0.118kg、K_2O 0.402kg。

表 5-1 章丘大葱形成 100kg 经济产量所需养分量

产量水平	100kg 全株养分检测量			100kg 产量所需养分总量(kg)		
	全氮（%）	全磷（%）	全钾（%）	N	P_2O_5	K_2O
高产区	0.305	0.054	0.339	0.305	0.124	0.408
中产区	0.297	0.052	0.333	0.297	0.119	0.401
低产区	0.282	0.049	0.329	0.282	0.112	0.396
平均	0.295	0.052	0.333	0.295	0.118	0.402

（二）肥料利用率的分析计算

针对章丘区氮、磷、钾肥料利用率的计算，以肥效小区试验中无氮区（$N_0P_2K_2$）、无磷区（$N_2P_0K_2$）、无钾区（$N_2P_2K_0$）作为缺素区，以全肥区（$N_2P_2K_2$）作为施肥区确定这一参数。通过汇总分析，得出相应结果（见表 5-2）。

表 5-2 章丘区不同产量水平大葱肥料利用率

产量水平	氮肥利用率(%)	磷肥利用率(%)	钾肥利用率(%)
高产区	30.5	15.7	56.1
中产区	31.6	16.1	56.8
低产区	32.8	16.9	58.3
平均	31.6	16.2	57.1

氮肥平均利用率为 31.6%,磷肥平均利用率为 16.2%,钾肥平均利用率为 57.1%。

（三）土壤养分校正系数的分析计算

氮、磷、钾校正系数分别以肥效小区试验中无氮区、无磷区、无钾区的养分吸收量进行计算,并汇总分析,土壤养分校正系数计算结果如表 5-3 所示。

表 5-3 章丘区不同产量水平土壤养分校正系数

产量水平	土壤氮素校正系数(%)	土壤磷素校正系数(%)	土壤钾素校正系数(%)
高产区	64.2	93.2	34.3
中产区	65.3	96.2	30.6
低产区	65.8	98.5	33.5
平均	65.1	96.0	32.8

土壤氮素平均校正系数为 65.1%,土壤磷素平均校正系数为 96.0%,土壤钾素平均校正系数为 62.5%。

二、大葱施肥丰缺指标

（一）土壤氮丰缺指标及氮肥推荐用量

通过对小区试验进行统计,共得到大葱缺氮区相对产量与碱解氮对应数据 15 组,利用 Excel 图表和添加趋势线功能,对所得数据进行散点图分析,并添加趋势线,得出缺氮区大葱相对产量与土壤养分关系回归方程(见图 5-1)。

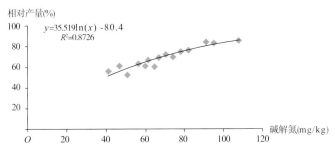

图 5-1 缺氮区大葱相对产量与土壤碱解氮关系图

通过以上所得回归方程,计算相对产量为50％、75％、90％、95％时对应的土壤养分含量,即丰缺指标,并确定推荐施肥量(见表5-4)。

表5-4　土壤碱解氮丰缺指标及氮肥推荐用量

养分等级	相对产量	碱解氮含量(mg/kg)	氮肥推荐用量(kg/667m²)
极高	＞95％	＞140	4～8
高	90％～95％	121～140	10～12
中	75％～90％	80～121	13～15
低	50％～75％	39～80	16～18
极低	＜50％	＜39	18～20

处于养分等级极高的地块,相对产量高于95％,土壤碱解氮含量高于140mg/kg,氮肥推荐用量为4～8kg/667m²;处于养分等级高的地块,相对产量为90％～95％,土壤碱解氮为121～140mg/kg,氮肥推荐用量为10～12kg/667m²;处于养分等级中的地块,相对产量为75％～90％,土壤碱解氮为80～121mg/kg,氮肥推荐用量为13～15kg/667m²;处于养分等级低的地块,相对产量为50％～75％,土壤碱解氮含量为39～80mg/kg,氮肥推荐用量为16～18kg/667m²;处于养分等级极低的地块,相对产量低于50％,土壤碱解氮含量低于39mg/kg,氮肥推荐用量为18～20kg/667m²。

(二)土壤磷丰缺指标及磷肥推荐用量

通过对小区试验进行统计,共得到大葱缺磷区相对产量与有效磷对应数据15组,利用Excel图表和添加趋势线功能,对所得数据进行散点图分析,并添加趋势线,得出缺磷区大葱相对产量与土壤养分关系回归方程(见图5-2)。

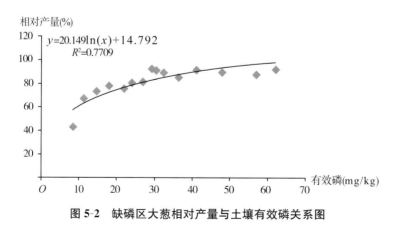

相对产量(%)
$y=20.149\ln(x)+14.792$
$R^2=0.7709$
有效磷(mg/kg)

图5-2　缺磷区大葱相对产量与土壤有效磷关系图

通过以上所得回归方程,计算相对产量为50％、75％、90％、95％时对应的土壤养分含量,即丰缺指标,并确定推荐施肥量(见表5-5)。

表 5-5　土壤有效磷丰缺指标及磷肥推荐用量

养分等级	相对产量	有效磷含量(mg/kg)	磷肥推荐用量(kg/667m²)
极高	＞95％	＞54	0～1.5
高	90％～95％	42～54	1.5～2.5
中	75％～90％	20～42	2.5～4
低	50％～75％	6～20	4～5.5
极低	＜50％	＜6	5.5～7

处于养分等级极高的地块,相对产量高于95％,土壤有效磷含量高于54mg/kg,磷肥推荐用量为0～1.5kg/667m²;处于养分等级高的地块,相对产量为90％～95％,土壤有效磷含量高于42～54mg/kg,磷肥推荐用量为1.5～2.5kg/667m²;处于养分等级中的地块,相对产量为75％～90％,土壤有效磷含量为20～42mg/kg,磷肥推荐用量为2.5～4kg/667m²;处于养分等级低的地块,相对产量为50％～75％,土壤有效磷含量为6～20mg/kg,磷肥推荐用量为4～5.5kg/667m²;处于养分等级极低的地块,相对产量低于50％,土壤有效磷含量低于6mg/kg,磷肥推荐用量为5.5～7kg/667m²。

(三)土壤钾丰缺指标及钾肥推荐用量

通过对小区试验进行统计,共得到大葱缺钾区相对产量与速效钾对应数据15组,利用Excel图表和添加趋势线功能,对所得数据进行散点图分析,并添加趋势线,得出缺钾区大葱相对产量与土壤养分关系回归方程(见图5-3)。

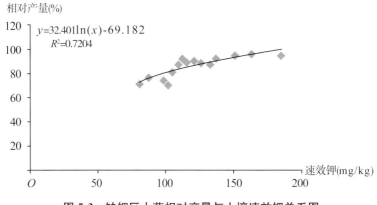

图 5-3　缺钾区大葱相对产量与土壤速效钾关系图

通过以上所得回归方程,计算相对产量为50％、75％、90％、95％时对应的土壤养分含量,即丰缺指标,并确定推荐施肥量(见表5-6)。

表 5-6 土壤速效钾丰缺指标及钾肥推荐用量

养分等级	相对产量	速效钾含量(mg/kg)	钾肥推荐用量(kg/667m²)
极高	>95%	>159	8~12
高	90%~95%	136~159	13~15
中	75%~90%	86~136	16~18
低	50%~75%	40~86	18~20
极低	<50%	<40	20~22

处于养分等级极高的地块,相对产量高于95%,土壤速效钾含量高于158mg/kg,钾肥推荐用量为8~12kg/667m²;处于养分等级高的地块,相对产量为90%~95%,土壤速效钾含量为136~159mg/kg,钾肥推荐用量为13~15kg/667m²;处于养分等级中的地块,相对产量为75%~90%,土壤速效钾含量为86~136mg/kg,钾肥推荐用量为16~18 kg/667m²;处于养分等级低的地块,相对产量为50%~75%,土壤速效钾含量为40~86mg/kg,钾肥推荐用量为18~20kg/667m²;处于养分等级极低的地块,相对产量低于50%,土壤速效钾含量低于40mg/kg,钾肥推荐用量为20~22kg/667m²。

第二节 章丘大葱配方施肥技术

章丘大葱施肥分育苗期和定植后两个阶段。育苗期施肥以培育壮苗为主要目标,定植后施肥以提高大葱产量和质量为主要目标。

一、苗床施肥

大葱育苗期要重视底肥的施用,一般亩施2000~3000kg优质有机肥和40~60kg过磷酸钙作基肥。整地前撒施于地面,然后浅耕细耙,使肥料与土壤充分混合后整平起畦播种。播种时每亩撒施尿素5kg或硫酸钾复合肥10~15kg作种肥,锄匀搂平,使种肥与畦土均匀混合,以免伤种。为了控制秋播苗越冬期的种苗不至于过大,避免越冬期通过低温春化阶段,越冬后抽薹开花,一般越冬前不施肥、浇水。越冬期为确保幼苗安全过冬,在土壤开始上冻时,可结合浇越冬水亩追施少量的氮、磷肥,并在地面铺施1~2cm厚的土杂肥、牛马粪等。翌年春天葱苗返青时,结合浇返青水追施返青提苗肥,一般每亩施硫酸铵10kg。在幼苗旺盛生长前期和中期,根据幼苗的长势,可各追施1次速效性氮肥,每亩施硫酸铵5~10kg或尿素3~5kg。定植前控肥、控水、蹲苗,可提高定植后的成活率。

二、基肥

大葱定植前要施足基肥,以腐熟有机肥为主,一般每亩施3000~5000kg。含磷少的土壤每亩增施过磷酸钙 25kg 或硫酸钾复合肥 10kg。此外,可再每亩撒施硫酸铜 2kg、硼砂 1kg。普施与集中施相结合,可在土地耕翻前撒施,也可集中在开葱沟后于沟内集中施用。章丘大葱栽植时,一般葱沟较深。为便于开挖葱沟,一般采取免耕法,开沟前土地不翻耕,基肥只进行集中沟施。

三、追肥

(一)葱白生长初期

大葱生长期间追肥,应掌握前轻、中重、后补的原则。在追肥中有机肥与化肥结合,以氮肥为主,重施钾肥,兼顾磷肥。追肥要与中耕培土和浇水相结合。立秋至白露是大葱的叶片旺盛生长期,要追施攻叶肥,以确保叶部生长,为大葱优质高产奠定足够的光合营养面积。可分立秋、处暑两次追施攻叶肥。立秋第一次追肥,每亩施商品有机肥 200～400kg,或饼肥 150～200kg。施在沟背上,结合中耕使肥、土混合后划入沟中。处暑第二次追肥,每亩施硫酸钾复合肥(15－5－20)40kg,施后中耕、培土、浇水。

(二)葱白形成期

白露至霜降是大葱发棵期,即葱白形成期。大葱的生长和需肥量都较大,要重施追肥,应在白露和秋分季节各追施 1 次发棵肥。白露第三次追肥,每亩施硫酸铵 15～20kg 或尿素 10～15kg、硫酸钾 10～15kg。秋分第四次追肥,每亩施尿素 15～20kg、硫酸钾 10～15kg 或硫酸钾复合肥(15－5－20)20～30kg。霜降以后,随着气温的不断降低,大葱生长缓慢,葱叶部的营养物质向葱白转移,进入葱白充实期,此时一般不需要追肥。如出现脱肥早衰现象,可酌情补施速效氮肥,一般以每亩施尿素 10～15kg 为宜。

第六章　章丘大葱传统栽培技术

第一节　章丘大葱苗期管理技术

一、育苗

(一)苗床准备

苗床地不可重茬。苗床要选择地势平坦、排灌方便、土质疏松、肥沃,且近三年未种过葱蒜类蔬菜的耕地。结合整地每亩施腐熟有机肥 3000～5000kg、磷酸二铵 20kg 或硫酸钾复合肥 25kg。浅耕细耙,整平作畦。大葱一般采用平畦育苗,畦宽 1.2～1.5m(含畦埂),长 10～15m,畦过宽、过长不利于苗期管理,过窄、过短降低了土地利用率。畦面整平,无坷垃,浅耕 6cm 深,不易深耕或旋耕。若旋耕需镇压,且镇压不实会死苗。土壤处理要施用环保型杀虫剂、杀菌剂、防病毒剂及生物菌剂。

(二)播种

1. 季节方式

章丘大葱育苗分为秋播育苗、春播育苗。秋播育苗葱白结实,比春播育苗增产 3000kg 左右。

(1)秋播育苗。9 月下旬或 10 月上旬,10 月 1～7 日为最佳播期。此时播种出苗快而且整齐,秧苗健壮。冬前可生 2～3 个真叶,确保安全越冬,且不抽薹。播种过早,虽然出苗比较全,生长快,但易通过春化阶段,翌年易抽薹开花,商品性差,甚至失去商品性。播种过晚,冬前不发生真叶的幼苗不能安全越冬,即便越冬,翌年开春幼苗长势弱,难以形成壮苗,影响产量。表 6-1 为秋播育苗播期与幼苗生长情况。

(2)春播育苗。以 3 月中旬为好(春分前)。春苗由于生长期短,产量不及秋播育苗。在章丘大葱种植区,主要以秋播育苗为主。

2. 种子处理

种子先用清水冲去杂质,然后用 50～55℃温水浸种 25～30 分钟。浸泡时要不断搅动,使种子均匀受热。浸种应间歇进行,以免大葱种子浸泡时间过长,引起种子内的盐类、糖类和可溶性蛋白质等营养物质浸出,影响种子的发芽力。浸种完毕后,将种子用清水洗干净,为使种皮和种胚之间的水膜消失,有利通气,在催芽前应将大葱种子晾晒 1 天。浸泡结束后,随即用清水洗 1 遍,再放在 20~30℃的水中泡 2 小时,捞出后即可播种。也可用 0.2%高锰酸钾溶液浸种 20~30 分钟,捞出洗净晾干后播种。经浸种后的种子可提前1~2 天出苗。

表 6-1 秋播育苗播期与幼苗生长情况

生长情况 \ 播期	20/9	25/9	30/9	5/10	10/10	20/10	30/10	10/11	备 注
出苗(天)	7	7	10	9	12	13	14	/	由第一颗出土开始计
齐苗(天)	17	17	20	19	30	/	/	/	到停止出土为止
出真叶(天)	17	17	19	24	28	/	/	/	第一片真叶露出
冬前苗高(cm)	7.7	7.6	7	3.1	2.2	/	/	/	第一片真叶叶尖至地面距离
冬前真叶(片)	2	2	2	2	1	/	/	/	
日平均地表温度(℃)	21.2	20.5	20.3	18.6	19.7	17.9	12.6	10.3	播种日平均地表温度

3.播种量

大葱种子存储寿命较短,所以应选用当年的新种子。购买的种子,播种前要进行发芽试验。一般每亩育苗地需葱种 1.5~2.5kg,发芽率高的新种子可少播,发芽率低、播种质量差的可适当增加播种量。根据土壤性状、种子发芽率、气候等外界条件以及多年育苗经验,播种疏而不稀是最理想的播种量,既节约种子,又节省间苗时间,有利于幼苗发育成长。一般育 667m^2 葱苗可栽植 2668~4002m^2 大葱。

4.播种方式和方法

大葱播种一般采取平畦撒播,也可采取平畦开沟条播。

(1)平畦撒播:先将播种畦的土耧细,起出一部分细表土堆放在邻畦,以备种子覆土之用。将播种畦整平,浇足水,待水渗下后撒种,称为"水育苗"。为确保撒种均匀,最好将种子与草木灰或细沙土按 1︰5 的比例混匀后播种,播后用邻畦备用土覆盖 1cm 左右,1~2 天后盖土稍干时耧平畦面。水育苗畦面不板结,容易出苗。平畦撒播也可采用旱育苗方式,作畦施肥后撒种,用耙子耧一下使其与土壤充分混匀,然后浇水。此法省时省力,但是浪

费种子。出苗前保持畦面湿润,以保幼苗出土。

(2)平畦条播:一般采用水育苗,在平畦内按10～20cm行距开沟,沟深1～2cm。顺沟撒播,用铁齿耙耧平,再覆土浇足播种水。播种仍可按1∶5掺入干净细土。

播后覆盖土要细,不要有土坷垃,这样可有效避免畦面龟裂,减少土壤水分蒸发,以保持土壤墒情。播后如果发现畦面出现裂缝,要及时用细土填补,避免土壤水分损失过多。

水育苗覆土后第二天可打封闭,用施田补(二甲戊灵)喷打1次即可无任何杂草。旱育苗出苗后,可喷打农思它(恶草酮、恶草灵)。每桶18mL加1袋盖草能(吡氟氯禾灵),每亩打3桶。喷打时注意温度要高,土壤要湿润。

(三)苗期管理

1.冬前管理

秋播育苗,播种后1周可齐苗。秋播育苗从幼苗出土到苗高5cm后,需浇2～3遍水。11月下旬,苗高7～8cm,有二叶为壮苗。幼苗停止生长后(气温降到7℃以下),土地封冻前结合追肥浇1次越冬水。有条件的地方可于冬前畦面见冻时,在畦面覆盖1～2cm厚的马粪或农家肥,确保葱苗安全越冬。

2.春季管理

立春后开始返青,以后随着气温增高生长加快,谷雨以后生长最快。日平均气温稳定在13℃以上,土地化冻时浇1次返青水,并及时用钉耙划耧畦面,提温、保墒、促幼苗早发。幼苗返青后及时拔除杂草,并适时间苗,拔出双苗、弱苗。平畦撒播,苗距4～6cm;平畦条播,因行距较大,行内株(苗)距可适当小些,苗距以3cm左右为宜。进入4～5月,非常适宜葱苗生长,此期为葱苗旺盛生长阶段。为确保壮苗,前期应适时追肥浇水,促进幼苗生长,但后期应注意控水,以防幼苗徒长。6月中下旬又因气温升高(25℃以上),生长再次缓慢,此时正是移栽的好时间。

(1)追肥、浇水、蹲苗。根据葱苗生长情况可分为两个阶段。生长前期为春后葱苗活动到4月中旬(谷雨前),气温低,生长慢,需肥少。追肥的目的主要是为下阶段的旺盛生长做物质准备,促苗早发,以腐熟的有机肥为主。浇水不宜过早,如遇干旱可在春分前选晴暖天中午浇小水。不适当的浇水会造成地温下降,影响幼苗生长。一般做法是圈肥捣细晒干后,在3月中下旬撒入沟内,过数天后选好天中午浇小水(返青水);或者是结合浇返青水施尿素10kg/667m²(撒播田块更适合)。待土壤干湿度适宜时,进行第一次间苗、松土、除草,每亩留苗12万株左右。以后10～15天不浇水、蹲苗,以利提高地温,促进肥料分解,加速根系生长,扩大吸收范围,使幼苗生长健壮,为下阶段的迅速生长打下基础。

(2)葱苗旺盛生长期。经过10～15天蹲苗,4月下旬日均温度升到12℃以上,苗高可达20cm,具备3～4片真叶,此时生长显著加快。5月日均温度升到18℃以上,是幼苗生长最旺盛的阶段。此时追肥以速效氮、钾肥为主,一般追肥2～3次,浇水5～6次。6月上中旬,苗高可达50cm左右,8～9片叶子,此时停止肥水蹲苗以备移栽。移栽前20天左右控制水肥进行蹲苗,以获得壮苗。壮苗的标准是苗高50cm,葱白25cm以下,粗1cm左右,单株重40g左右,叶色浓,功能叶5片左右,具有本品种的典型性状。这次蹲苗的目的:地上部生长更粗壮,根茎盘增大,当移栽后老根损伤失去吸收功能,可很快发生新根,缓苗快,生长迅速,并能提高幼苗抗病虫能力。

定植移栽前2～3天浇1次水,以便起苗。

3.春播苗管理

因播种时地温偏低,春播育苗播后约需两周时间齐苗。春播育苗苗期短,以促进幼苗生长为主。撤出覆盖膜后,需进行中耕除草、间苗、追肥、浇水等管理。尽量满足肥水要求,但应以苗情长势而进行促控调整,既要尽量增加幼苗的生长量,也要防止葱苗生长过快而造成徒长和倒伏。

定植前10～15天要控制浇水以炼苗。

二、移栽

(一)选地

大葱忌重茬,应选择至少3年没有种植过葱蒜类菜的地块。大葱根系喜气、怕涝,应选择地势高燥、不积水,土层深厚、透气,易于排灌的沙壤土地块。

(二)开沟施肥

章丘大葱栽培采用开沟定植。为便于挖掘定植沟,用于栽培大葱的地块可以不翻耕,直接挖沟,沟内施肥。沟内松土,使肥料与土混合。葱沟间距以90cm为宜,沟底集中施入腐熟有机肥料,每亩施5000kg左右,并一次性施入甲基异硫磷颗粒剂1.5～2.5kg,然后翻耕沟内土壤,使肥、药与土壤充分混合,耙平后定植。

栽葱一般南北向,阳光照射比较均匀。特别是大葱生长后期,秋末日照缩短,角度越低,东西向沟整日不见阳光,影响大葱光合作用,且沟底温度低不利于大葱生长。南北向沟底光照充足、地温高,对后期大葱生长有利,对套种小麦也有利。同时,秋后北风多,南北向沟通风好,不易遇风害。

葱沟的深度:葱沟过深不易发苗,植株生长细弱;过浅不易培土,葱白短而松,产量不高,品质差。章丘大葱栽培沟深一般以25~30cm为宜。

（三）起苗分级

起苗前应提前浇水,使起苗时土壤湿度适宜。土壤过湿,根系带泥,不便分级和栽苗,土壤过干则起苗困难。起苗时用三齿叉掘起,抖掉泥土,剔除病残苗和不符合品种典型性状的苗,按秧苗大、中、小分成三级及等外苗。大苗(一级苗)标准:株高60cm以上,株重60g以上;中苗(二级苗)标准:株高50cm左右,株重50g左右;小苗(三级苗)标准:株高40cm以上,株重20g左右。原则上同一类苗栽植在同一地块上。若一、二、三类苗混栽,大苗(一级苗)栽植到地块的上水头,小苗(三级苗)定植在地块的下水头,中苗(二级苗)定植在大、小苗的中间。下水头肥水条件优于上水头,有利于加速小苗生长,逐渐缩小因秧苗大小差异而对大葱田整齐度的影响。种植选择一、二级苗,部分选用三级苗,坚决剔除等外苗。采取流水作业方式,葱苗随起、随选、随运、随栽。葱苗大小与产量的关系如表6-2所示。

表6-2　葱苗大小与产量的关系

葱苗	苗子株重(g)	成株葱白周长(cm)	成株单株重(kg)	亩产量(kg)	增产(%)
1	150	12.8	0.45	4470.2	35.5
2	75	11.4	0.4	4166.7	26.3
3	35	10.9	0.57	3298	—

（四）移栽期的确定

移栽适期为6月15日至7月10日。过早过晚都会影响产量。章丘大葱茬口一般是接麦茬,过早:6月中旬前移栽,不适于小麦—大葱轮作(小麦未收)。过晚:小暑以后移栽,正是酷暑天气,高温多湿不利缓苗,更因移栽时间短,立秋(8月上旬)天气转凉后根系不能充分恢复健全,影响大葱生长,造成减产,越晚减产越大。同时,在高温高湿条件下移栽,容易感染病虫害,缓苗前期正遇雨季,沟内遇积水会引起葱苗沤根甚至死亡。6月下旬(夏至)前后移栽,此时葱苗生长正趋缓慢,小麦全部收储完毕,不仅不妨碍幼苗生长,而且适合轮作。炎热夏季到来之前葱苗即可完成缓苗,又能在立秋天气转凉时形成新的强大根系,迅速转入生长盛期,产量高,品质好。据试验,6月6日栽植的比6月21日栽植的增产29.4%,6月21日栽植的比7月6日栽植的增产22.5%,8月8日栽植的比6月21日的减产31.2%。

（五）定植

为确保葱白下端不弯曲，一般采用插葱法定植，分干插和水插两种。干插是先插葱后浇水，水插是先灌水后插葱。具体方法：干插法先将葱沟底部耙细整平，在沟底的中线位置插单行。插葱时，左手攥住葱苗，根系朝下，右手用葱叉子（前端带叉的木棍或铁制工具）抵住葱根垂直插入土中，插后把葱苗两侧的松土踩紧浇水。水插法先将整平耙细的葱沟内灌透水，待水渗下后立即用葱叉子将葱苗单行插入沟的中间。插葱时，若葱苗大小不一致，在分级分段定植的同时，可通过插葱的深度调整地面以上的植株整齐度，掌握上齐下不齐的原则。插后浇水，大葱缓苗快；先灌水后插，插葱容易，但缓苗慢。因此，应根据当地的土壤、水利等条件因地制宜地选用。

（六）密度

在一定密度范围内，单位面积产量随密度的增加而提高，单株产量则随密度的增加而降低。大葱定植密度应依据栽培目的、栽培方式、品种类型和土壤肥力等条件确定。一般原则：在一定的肥水条件下，能够培育出符合规定标准的产品所允许的最大栽植密度，亦即适宜密度。章丘大葱以每亩栽植 18000～20000 株为宜。

第二节　章丘大葱田间管理技术

田间管理是指从定植至大葱收获的整个过程的管理。

一、大田管理

（一）缓苗期管理

栽后不浇水，进行靠苗。葱苗定植后，原有的老根很快腐朽，4～5 天后开始萌生新根，新根萌生后新叶开始生长。大葱栽后正值夏季高温季节，不利于大葱缓苗和生长，此期应以促进根系发生和发展为重点，主要措施为加强中耕划锄，保持土壤有良好的通透性，促进大葱根系生长。浇水和雨后要及时中耕划锄，严禁田间较长时间积水。积水若灌心叶后，易造成雨烂。雨烂的原因：大葱的茎盘被深埋于黏重温湿的土壤中，在缺氧的条件下，不易发生新根，原有老根在移栽后根毛部分伤断失去吸收机能，在高温多湿的缺氧环境下极易腐烂。根的腐烂会导致茎盘腐烂，进而引起边叶腐烂。干湿适中、透气良好的条件有利于新根的发生，老根也易干缩而不致腐烂。边叶虽然很快发黄，但新叶会很快发生，根叶迅速更新，植株会早返青进而进入旺盛生长期。

（二）大葱盛长期管理

大葱喜冷晾湿润。立秋以后，天气逐渐转凉，昼夜温差越来越大，温度越来越适合大葱生长，进入大葱旺盛生长期。大葱80％以上的产量在此后的3个月里形成的，所以加强秋苗管理是夺取大葱高产的关键。此期应加强追肥、浇水、培土和病虫害防治。

1. 浇水

水分是大葱的生命，农民俗称葱为"水葱"，也正说明水与葱的关系。有充分的水供应，不仅保证大葱的正常生长，而且起到以水调肥的作用。若肥水充足，可加速扩大叶面积，叶鞘增厚，葱白坚实粗大。入秋以后，大葱生长开始进入发叶盛期，对土壤水分要求明显增加，但在浇水时仍然要看天、看地、看苗情。大葱浇水的原则是以将根群范围内的土壤润湿为宜。大葱生长适宜的田间持水量为70％～80％。沙壤土透水性强，保水力较差，应视情况缩短浇水间隔，壤土和黏壤则应适当延长浇水间隔，如遇天旱、高温，可适当增加浇水次数。

根据大葱需水情况可分为3个阶段。

(1)植株盛长初期：8月初至8月下旬(处暑)，天气虽已渐凉，但植株生长仍偏慢，应少浇水，浇小水和早晨浇，保持土壤湿润即可。

(2)植株盛长盛期：8月下旬日均温度降至24℃以下，10月下旬降至15℃以下，这段时间有利于大葱生长，进入生长盛期。大葱平均每7～8天长1片叶子。由于叶片和葱株重量的迅速增加，需水量也急剧增加。应该浇大水，勤浇水，连续浇水，4～5天浇1次，葱地地面应不见干。

(3)植株生长末期：10月下旬(霜降)以后，大葱植株已基本长足，气温降至15℃以下。随着气温的下降，大葱生长又趋缓慢，水分需求量减少，至收获再浇2次灌浆水即可(10月末、11月初)。浇水应选择晴天中午进行，保持地温，增强葱根对水分的吸收能力。

2. 追肥

立秋后，每亩施2000～3000kg农家肥与10～15kg尿素，将肥料撒施在垄背上，用锄头锄垄背，使肥料与土混合后填入沟中平沟，并浇1次透水。处暑时再追肥1次，每亩施10～15kg尿素、20～30kg硫酸钾，将肥料撒施到葱行间，中耕使肥料与土壤混合后培土，然后浇水。白露和秋分时再各追肥、培土、浇水1次。

3. 培土软化

高培土是章丘大葱栽培的一大特点。培土是软化叶鞘的有效措施，同时也能提高产品质量和产量,还能防止倒伏。葱白(假茎)的伸长主要依靠分生组织所分生的叶鞘细胞的延长生长,而叶鞘细胞的延长生长要求黑暗、湿润的环境条件,并以营养物质的输入和储存为基础。一般情况下,培土越高,葱白长得越长,组织越充实。培土时要注意不要将大葱叶片碰折,以免影大葱正常生长。取土的宽度不得超过行距宽度的 1/3 和开沟深度的 1/2,否则影响根系的发育和伸展,造成断根和伤根。另外,取土超过行距宽度的 1/3,培土与葱白夹角过小,易使所培之土塌落,不利于大葱根系发展,特别是取土深度超过 1/2 的开沟深度,大葱生长后期易造成早衰塌苗。大葱须根趋肥、趋温、趋水性很强,随着培土高度的增加,须根不断伸长和分生,整个培土范围内布满须根。因此,施肥结合培土一起进行,一般不必开沟施肥,将肥施在葱白茎部表面上,用培土压盖即可。为防止雨水冲刷和浇水塌落,应边培土边将土拍实。培土时,最好在土壤水分含量较少时进行,以土壤松软、无土块为好;如果土壤过于板结,应先将沟土刨松后再进行培土。培土要避开早晨,因早晨露水多、湿度大,此时培土易产生烂茎现象。在加强肥水管理的同时,还要分期培土。

结合追肥分别在立秋、处暑、白露和秋分进行 4 次培土。在靠苗后(已返青)到植株盛长前(8 月下旬前),结合中耕除草、追肥,逐渐把畦背平于移栽沟内,待浇过第二水后趁湿润用大锄最后锄平畦背。在浇第三水以前,进行第一次培土(围葱),原畦背变成沟。白露(9 月上旬)时第二次培土,秋分前后培第三次土(若是套种小麦的葱,这是最后一次培土。不套种小麦的大葱在寒露前培土 1 次)。每次培土高度均以培至最上叶片的出叶口为宜,切不可埋住心叶,以免影响大葱生长。正如农谚云:"要想大葱起身,土要培到葱心。"生产实践表明,大葱培土越深,葱白越长,组织也越充实、紧密。但是培土必须在葱白形成期分次进行,高温高湿季节不宜培土,否则容易引起根、茎盘和假茎的腐烂。

二、收获管理

适宜的收获期为立冬至小雪,只要在霜冻之前收完即可。有农谚云:"立冬不刨葱,越长越空空。"适当晚收比早收好,但应灵活掌握,应根据当地天气预报(有霜冻及下雪)及时收葱。收获过早,气温高(0℃以上),心叶的生长和呼吸作用过旺,消耗葱白的储存养分,使葱白变松,重量变轻,品质变劣,不耐储藏。收获过晚,葱白上端失水、变得松软,一旦遇上霜冻、大雪,绿叶受害,商品性就会大打折扣。收获后,适当晾晒,置于阴凉处,在冬春供应市场。

第七章　章丘大葱全程机械化生产技术

1959年4月28日,毛泽东主席发表了"农业的根本出路在于机械化"的著名论断,60多年来,我国的农业机械化事业发生了天翻地覆的变化。农业机械化是农业生产的必然要求,也是新时期国民经济发展与社会发展的客观需求。在当前阶段,由于国家土地种植面积的逐渐缩小,对于农业生产力与粮食产量的要求却在逐步提升,另外随着国家各项事业的发展,对于农业产业结构的调整也在不断变化,在这个过程中,只有实现了农业生产的机械化,才能更好地满足各项需求,才能提升农业的综合竞争力,实现农民效益的增收,所以,农业机械化对于农业生产有着十分重要的积极意义。

粮食是我国播种面积最大的作物,其次是蔬菜。相对于粮食作物而言,大葱是个小众产品,但在蔬菜产业中,大葱却又是个大众产品,因为它是人们日常生活中不可或缺的调味蔬菜,许多家庭每天都会吃。同时,它也是我国出口创汇蔬菜中的优势产业,在我国蔬菜产业发展中占有非常重要的位置。

目前,我国大葱生产主要还是采用人工作业的方式,劳动强度大,用工多,生产成本偏高。为降低成本,提高大葱产业的竞争力,发展大葱生产机械化成为葱农的迫切期盼。

第一节　大葱机械化生产的优势

近几年,各大院校、科研院所及大葱产地农业行政主管部门不断探索、研发相关的大葱机械化生产机械,并通过对国外先进技术、先进设备的引进、学习、消化、吸收以及农艺与农机相结合的反复实践,我国的大葱生产机械化水平目前有了很大发展,确立了大葱全程机械化生产的核心技术环节:种子精选、丸粒化包衣、精量化播种、工厂化育苗、机械化开沟、自动化移栽、机械化培土、集约化采收等,破解并改变了大葱种植千年来的生产方式,使得传统大葱种植实现了标准化、规模化、集约化生产,有效地降低了大葱生产过程中的劳动强度,提高了生产效率,降低了劳动成本,可提高生产种植效率7~10倍。

一、大葱工厂化育苗

(1)用种量少。传统育苗,每亩用种1.5~2kg,栽植2000~4000m² 大葱;工厂化育苗,0.5kg 种子可栽植 4670m² 左右。

（2）占地面积小。传统育苗,栽植 667m² 大葱,育苗约需占地 200m²;工厂化育苗,栽植 667m² 大葱,育苗占地仅 0.2m²。

（3）能够缩短苗龄,节省育苗时间。传统育苗,苗龄需要 240～250 天;工厂化育苗只需 70～80 天。

（4）减少病虫害发生。工厂化育苗智能程度高,育苗时间短,可控性强。

（5）提高育苗生产效率,降低成本。

（6）工厂化育苗出苗率高,苗全、苗匀、苗齐、苗壮;传统育苗出苗率低,葱苗参差不齐,利用率低。

（7）工厂化育苗起苗简单,省工、省时、省力;传统育苗人工起苗效率低,葱苗分级慢,劳动强度大,且易损伤葱苗。

（8）有利于统一管理、推广新技术,可以做到周年连续生产。

从育苗来说,改露地育苗为设施育苗,育苗环境可控;改苗床育苗为穴盘育苗,葱苗能够实现标准化。

二、大葱机械化移栽

长期以来,我国葱苗移栽一直是原始的人工栽植方式,不仅效率低,劳动强度大,而且移栽株距不均匀,深浅不一,移栽质量差,成活率低,平均每人每天只能移栽 133.4m²,费时、费力、费工,效率十分低下。近年来,随着人工费用的大幅上涨,大葱移栽的用工成本越来越高,而且很多人也不愿意从事这种重体力劳动,雇工困难。

机械移栽时,一台机器每天能够移栽 5336～6670m²,省工、省时、省力,极大地提高了劳动效率,能够有效解决大葱定植时用工难、用工贵的难题。更关键的是,移栽深度和行距可方便地调整,大大提高了葱苗移栽质量。工厂化育苗与机械化定植的有机结合,能够有效防止成品大葱根部带钩,保证根直条直,产品质量更高。

大葱机械化播种穴盘育苗,葱苗带基质移栽,葱根无任何损伤,根部生态系统完整,无缓苗期,葱苗生长健壮、均匀,无形之中相当于延长了大葱的生长时间,大葱产量更高,品质更佳。

三、大葱机械化收获

传统的大葱收获是依靠人工来完成的,劳动强度大,且效率低、成本高。据调查统计,每组劳力(一般是一人刨,一人捆)每天仅能收获大约86.7m²,收获成本高达每亩900元左右。再就是到了大葱收获季节,劳动力特别是能熟练收刨大葱的技术人员非常短缺,很难雇人,这与晚收、急收的现实需求存在着尖锐的矛盾。大葱晚几天收获能增产,而且葱白长得结实、品质提升。但也不能收获得太晚,如果太晚则因天气转冷,冻伤大葱,甚至导致大葱腐烂。需要赶在霜冻来临之前,在最短的时间完成大葱的收获,以达到最佳收益。显然,人工收获难以满足现实需求。大葱生产的规范化及机械化水平已成为影响大葱产业发展的关键因素。

解决这些问题的唯一方法就是研发并使用高效的机械化收获装备。近几年,济南市章丘区农业农村局在章丘大葱机械化收获方面,与科研单位、农机生产厂家进行了有益探索,也取得了一定成效。机械化收获大葱每小时可收获大葱2000~3335m²,提高了作业效率,解放了劳动力,降低了劳动成本,缩短了收获时间,可有效对抗天气变化,让章丘大葱迅速地完成收获和销售,提高了章丘大葱的品牌价值和经济收益。

第二节　章丘大葱机械化生产现状

我国大葱生产主要还是采用人工作业的方式,劳动强度大,用工多,生产成本偏高。为降低成本,提高大葱产业的竞争力,发展大葱生产机械化成为葱农的迫切期盼。

一、大葱生产机械化存在的问题

大葱作为一种小株距作物,对移栽机的性能会有些特殊要求。一般移栽作物株距为20~50cm,而大葱移栽株距为3~5cm,且大葱栽植深度较深,一般为10cm左右。另外,大葱栽植的直立性要求高,因为这一环节决定着成品葱的品质形态,如果移栽时葱苗歪斜,大葱收获后成品葱的葱白就会弯曲,造成成品葱产量、质量下降。

目前,在耕整地、田间管理等环节,大葱生产的关键设备与其他大田作物基本相同,但是一些关键环节和部分技术难以突破,制约着大葱向全程机械化迈进的步伐。大葱机械化种植缺乏统一的种植标准,影响了机具的适用性以及推广性;机械化程度较低,收获时导致葱白损伤率高。再加上不同地区的种植方式不同,也限制了大葱收获机的通用性,有的机器能完成单行的挖掘,但后面还需要人工进行清理、打捆等作业,还是需要耗费不少人力。

现有的大葱收获机主要适用于中、短葱白大葱以及分葱等中小葱的收获,对种植较深的长葱白型章丘大葱收获效果不理想。悬挂式、牵引式大葱收获机存在动力机械与种植模式不匹配的问题,导致开道困难。挖掘式大葱收获机对土质适应性差,功能单一,减劳效果不明显。大葱联合收获机夹持输送过程中存在伤葱的问题,机械自动化程度不高。另外,散户种植、大葱套种等因素也阻碍了机械化的推广。

大葱在整地、移栽、田间管理等部分环节已经实现机械化,但收获环节机械损伤较大,可靠性难以保证。另外,各地农艺不同,种植模式差异大,导致机具适应性差。

章丘大葱想实现机械化生产的难点较多,其高培土、高葱白、高脆性的特点,使其在葱的世界里独一无二,也使得国际、国内现有的类似机型不能被直接应用,且改进难度也较大。为从根本上解决章丘大葱生产中的实际困难,章丘农业部门下大力气在结合章丘大葱种植特点基础上,协调科研单位、农机生产制造企业研发、改进并推广了多项大葱生产机械化新技术。其中在大葱开沟、培土两个生产环节上,经过前几年的大力探索、试验和推广,已经找到了适合章丘大葱生产特点的成熟可靠的机具,并在大葱生产中广泛应用,现机械开沟率已达到了90%以上,机械培土面积达到70%以上。

章丘大葱生产机械化的最大问题在于移栽、收获两个环节。大葱移栽和收获作为整个生产过程中劳动强度大、受时令限制较强的两大环节,对机械化需求更为迫切,而掌握国内外大葱移栽机械及收获机械关键技术研究情况,对进一步实现大葱生产机械化意义重大。

二、机械化移栽技术研究现状

国外移栽机械发展较早,尤以日本对大葱移栽机械的研制较为成熟。其中,推广应用较多的机型为日本久保田公司生产的 KN-P6 型半自动大葱移栽机及丰收产业公司生产的 OP290/2100 系列全自动大葱移栽机。KN-P6 型半自动大葱移栽机结构紧凑,栽植深度可调,但需人工喂苗,生产效率较低;OP 系列大葱移栽机实现了钵苗的全自动移栽,具有良好的株距适应性,可一次性完成2行或4行移栽,但只适用于钵苗移栽,对育苗环节要求高,且结构复杂,成本较高,不适合我国大葱移栽。

国内移栽机械的发展开始于20世纪六七十年代。随着大葱产业的发展需求不断提高,各科研机构及高等院校不断开展对大葱移栽机的研制。胡军等研制的挠性圆盘式大葱移栽机实现了大葱裸苗的半自动化移栽。该机在水平与竖直传送带及挠性圆盘的配合下完成大葱裸苗的栽植作业,但一次性只能完成单行作业,生产效率较低,且大葱窝根问题有待进一步解决。李振研制的链夹式大葱移栽机由分别安装于投苗及喂苗机构输送链

上的苗夹和苗槽配合完成大葱栽植,作业时需人工将葱苗投放于苗槽内,由苗夹夹持输送至移栽沟内,实现了零速投苗,直立度较好,但仍需人工喂苗,生产率较低,且存在伤苗问题。冯磊研制的大葱裸苗自动分苗装置主要由取苗机械手、多轴滑台模组和电气控制设备等组成,分、投苗工作主要是机械手抓取秧苗后,在多轴滑台模组驱动下将葱苗适时投落,完成栽植作业。该机实现了自动分苗及投苗,但分苗成功率尚不理想,处于试制阶段。王明廷在此基础上研制了大葱移栽机快速投苗装置,设计了带有栅格的苗箱,但需要人工提前将葱苗一一摆放,作业时需不断更换苗箱,且需要扶苗的配合以保证秧苗栽植直立度,整机结构复杂,成本较高。

三、机械化收获技术研究现状

大葱收获机械的研制起步较晚,滞后于花生、马铃薯和大蒜等根茎类作物收获机具。国外对蔬菜类收获机械研究的起步较早,主要有适合于欧美国家大型农场使用的大型侧牵式联合收获机、适用于日韩国家垄作及小区作业的小型自走式收获机、丹麦 Asalift 公司生产的适用于短葱白大葱品种收获的大葱收获机等。大葱收获机研制较成熟的国家主要集中在亚洲,日本的大葱收获机最具代表性,但其研制的产品多为小型机具,适合小面积种植区或大棚种植区,不适合我国大面积大葱种植区,且在收获后仍需人工打捆作业,生产率不高,对于章丘大葱的长葱白特质,存在伤苗率高、挖深不稳等问题。

国内对大葱收获机的研制主要集中于高校及科研院所,且主要采用挖掘式收获方式。李青江等研制的4CX-1型大葱收获机在刀盘式开沟器及后刀的配合下松动包裹大葱的土壤,减轻劳动者手工拔取大葱的作业强度。该机可实现的最低挖深为61cm,开沟宽度为66mm,主要实现了大葱的机械化挖掘作业,为半自动大葱收获机,后续工作仍需人工完成。周凤波研制的4CS-1型大葱收获机主要由挖掘装置、输送夹持装置、振动去土装置和打捆装置等组成,其中输送夹持装置中的下层拨禾输送链可解决由大葱外形尺寸不同造成的输送带夹持力不均匀问题,实现部分断叶或低矮大葱的输送喂入。该机具备挖掘拔取、去土输送、打捆和集收等功能,但其结构及运动较复杂,成本较高。

四、大葱机械化生产发展对策

(一)规范农艺要求,实现农机农艺结合

20世纪90年代以后,日本的蔬菜机械化进程显著加快,原因之一在于其有关部门及时发现了栽培模式不同给机具设计带来的麻烦,于是在1994年召开了栽培模式标准化推

进会议,并于 1990 年规范了 11 种作物的标准化栽培模式。可见,规范农艺要求,确定栽培模式,对实现农机农艺结合、推进大葱机械化进程意义重大。此外,建立大葱育苗试验基地,改变大葱育苗方式,尝试采用纸筒育苗、穴播育苗及成组钵体育苗等方式进行大葱育苗。一方面节约大葱种子,降低成本;另一方面培育基质多为有机肥质土壤,利于大葱小苗生长及培育。通过试验对比选择较佳的育苗模式,针对改良后的育苗模式设计研制全自动大葱移栽机,提高装备通用性。

(二)实现全程自动化、生产装备系列化发展

在保证机械性能的前提下,运用现代机械设计理论方法,借助 CAD、ANSYS 和 ADAMS 等辅助软件开发研制结构简单、制造成本低和自动化水平高的小型紧凑型机具,以满足广大市场需求,改变传统机械半自动化现状,解决老龄化带来的农村劳动力缺乏问题,提高大葱生产作业效率。此外,改变现有大葱生产机械的单一化发展现状,综合考虑大葱全程机械化问题。设计视角覆盖大葱种植的各环节,研制符合农艺要求的育苗、起苗、开沟、移栽和收获等不同装置及匹配动力机械,通过更换不同的工作模块,实现大葱生产装备的系列化。提升大葱生产机械自动化水平,改变机具零散化发展趋势,是今后大葱产业机械化发展的重要方向。

(三)研究大葱物理特性,提供关键参数

对作物物理机械特性的试验研究是研制作物生产机械装备的重要依据。针对技术储备不足、关键技术不成熟的问题,在研究大葱移栽及收获机械时,应对大葱移栽裸苗及收获期大葱进行抗压、抗拉和抗剪等物理机械特性研究,得出其抗压、拉、剪等强度及弹性模量等特性,为生产装备关键装置的设计研制提供相关参数,为关键技术的攻克提供理论依据,解决缺乏基础试验研究的弊端。

立足大葱基本种植农艺,从育苗、移栽定植、田间管理及收获等方面阐述大葱生产各环节的农艺要求,旨在规范种植农艺,实现农机农艺结合下各环节的生产机械化。大葱生产机械化水平低已严重影响了种植户的经济收益和大葱产业的发展,大葱机械化生产装备具有较高的经济性与可靠性,利于实现大葱的规模化生产,进一步促进大葱产业的发展。结合大葱种植农艺要求,研制适用于各环节的生产装备,加快实现大葱生产全程机械化任重道远。

第三节 章丘大葱全程机械化生产技术

济南市章丘区农业农村局在章丘大葱主产区正在推广大葱全程机械化生产,并已取得了初步成效,国内部分企业也在这方面进行了广泛探讨。通过农机与农艺的多年实践,在已引进国际先进技术、机械的基础上,完善并确立了大葱全程机械化生产体系,改变了大葱种植的传统工艺方式,实现了大葱智能化播种、工厂化育苗、自动化移栽、机械化收获,是适合区情的经济、实用、高效、环保的机械化体系。

一、大葱种子精选

播种前进行种子精选可以保证育秧盘的高出苗率和苗齐苗壮,是实现机械化精量移栽,防止移栽缺苗断垄的基础。通过种子风选机对章丘大葱种子进行精选,去除混在种子中的杂质以及干瘪种子。

二、大葱种子处理

在种子精选基础上,为了进一步提高大葱种子发芽率,保证苗全苗壮,用微生物菌肥、吡虫啉及噻虫嗪等对精选后的大葱种子进行不同浓度拌种处理。种子处理对于防治病虫害、促进发芽和幼苗健壮起着重要作用,为保证机械化精量移栽打下了良好基础。

三、丸粒化包衣

种子包衣是指在种子外面包上一层含水药剂和促进生长物质的外衣,即种衣剂(将杀菌剂、杀虫剂、微肥、植物生长调节剂、着色剂或填充剂等非种子材料,均匀包裹在种子外面,以达到种子成球形或基本保持原有形状)。包衣能提高种子生长性、抗逆性、抗病性、加快发芽,促进成苗,增加产量,是一项提高种子质量的技术。

种衣剂包在种子上能立即形成固化的膜,种子入土后遇水膨胀而种衣不会被溶解,随着种子的萌动、发芽、出苗、生长,种衣上的有效成分会逐步释放,并被根系吸收传导至植株的各部位,延长了药剂的有效期。种子包衣有综合防治农作物苗期病虫为害、抗旱、防寒作用,确保一次播种保全苗,促进作物生长发育,培育壮苗,提高产量,改善品质等作用,一般可增产10%左右。种子包衣还有减少农药用量,降低成本,减轻环境污染,便于机械作业,省工省时,节约用种等作用。

四、精量化播种

(1)苗土:也称"营养土"或"基质",为提升种子发芽率,基质必须选用土质疏松肥沃、排水良好、富含有机质的基质。据陈伟、高莉敏、隋杰、陈运起测定,章丘大葱基质育苗以草炭:珍珠岩:蛭石=6:3:1(体积比)配比的大葱幼苗生长最佳。

(2)苗盘:播种、育苗与移栽机的标准化构件。苗盘由特殊塑料(添加适度橡胶)材料构成,柔性、韧性、平展性良好,最大可折叠180°。目前,常用苗盘上面均匀排列10列×22排苗孔,下端有十字漏孔,以便后期种子根从中注入耕地。每个苗孔中容纳3粒包衣种子,也就是每个苗盘将总计载有660粒包衣种子。苗盘工艺及材料设计可重复使用30次以上,约10年期寿命,大大降低了苗盘使用成本。在实际应用中,每期苗盘需进行人工或专用机器消毒和清洗,考虑到材料的大分子结构,需倒置放置(叠加)并在阴凉处妥善保管。

(3)精量播种:包衣种子放入播种机顶端容器后,将装满营养土的苗盘平展地放入播种机,开启播种机。随着苗盘边缘导进孔的移动,苗盘开始向前移动,并由内置多球面滚轴依靠旋转自动压实浮土。滚筒精量播种保证了穴盘每个穴孔精准播入了粒丸粒化包衣种子,育种速度为3960~6600粒/分钟(也就是6~10盘/分钟)。应用精量化播种,可以实现人工难以实现的每亩均匀播种30000~33000株葱苗。

五、工厂化育苗

针对大葱工厂化育苗过程中基质成分、肥水管理、棚内温湿度控制等开展多项实验,建立工厂化育苗技术标准体系,保证葱苗苗齐、苗壮,为成功实现机械化移栽做好准备。工厂化育苗体系的建立将使得章丘大葱的育苗时间从7个月减少到2~3个月,大大缩短育苗时间,为实现章丘大葱的周年生产提供保障。

工厂化育苗需严格按照标准化程序实施每天的作业。将播完种子的苗盘放入育苗温室大棚中指定区域。苗盘放置时,避免与地面直接接触,应在下层平铺高强纱网,既能让苗根从土壤里吸收营养,又使能苗根盘结在穴盘中,便于机械化定植。

布完种子的苗盘放在育苗温室大棚。对葱苗生产全过程的温度、湿度、水肥一体化等多个环节进行科学管理和合理控制,形成一个标准化生产体系,使苗齐、苗壮。葱苗生长期约为45天,成苗后需要使用剪叶机进行人工齐苗。通过工厂化育苗,可使每千亩种植所需苗地面积从传统的11.3hm² 节省到2.3hm²,且不受天气影响。工厂化育苗实现了温度、湿度、水分、光照、营养、病虫害可控,管理统一高效(见图7-1)。

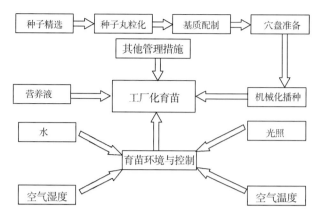

图 7-1 工厂化育苗流程图

六、自动化移栽

移栽机取代传统的人工移栽方式将葱苗移栽到大田,大大提高移栽效率,把大葱种植户从繁重的劳动中解脱出来。葱苗移栽后不需要通过传统种植中 2 个月的缓苗过程,成活率高,且缩短了大葱生长周期。

与传统移栽方式相比较,自动化移栽具有以下优势:一是移栽速度快,一般比人工移栽快 5～10 倍。二是移栽的质量好,由于行距、株距、直立度和深度标准化程度高,都比人工移栽要好很多,可达到苗全、苗齐、苗匀、苗壮的高标准要求,且避免了缓苗过程,有利于葱苗快速成长。三是省力,不需要人弯腰作业,减轻了劳动强度。四是可以扩大种植面积,获得更多的经济效益。

七、集约化采收

经过章丘区农业主管部门与相关科研部门、生产企业合力攻关,大葱机械化收获实现了突破。章丘大葱机械化收获难点颇多,大葱在耕整地、移栽、田间管理等部分环节已经实现机械化,但收获环节机械损伤较大,可靠性难以保证。另外,由于章丘大葱的种植特点,国际、国内并无成熟技术和机型可借鉴,现有的大葱收获机主要适用于中、短葱白大葱以及分葱等中小葱的收获,对种植较深的章丘大葱收获效果不理想。区农机推广中心以实施农机化项目为载体,加强调研,不断联系生产企业改良大葱收获机型,完善配套耕作技术,加强农机农艺融合,逐步健全大葱生产机械化技术路线,最终确定适合章丘大葱的收获机型。该机型采用高地隙、复合铲,可实现无损挖掘、有序铺放,能够有效采收大梧桐品种,每小时可收获 20000～33350m^2,生产效率大幅提高。

第八章　章丘大葱周年栽培技术

传统章丘大葱一般为一年一季生产，干葱(亦称"冬葱")供应市场。由于干葱货架时间长，加之部分大葱储藏，可从鲜葱上市持续供应到翌年三四月份，但其他时间却鲜有章丘大葱面市。为解决这一问题，实现章丘大葱四时供应，增加葱农收入，广大科研人员和群众发挥聪明才智，探索出了多茬口错时收获栽培模式，实现了章丘大葱的四季栽培，周年供应。特别是工厂化大葱育苗技术的成功引进、推广，为章丘大葱实现四季成功栽培提供了强大的技术支撑。大葱周年栽培既满足了人们对成株大葱的周年消费需求，又满足了大葱加工出口贸易的迫切需要，还可增加生产效益、提高农民收入。

第一节　大葱周年栽培的必要性

一、大葱周年栽培的必要性

(一)满足人们对成株大葱的周年消费需求

随着人们生活水平的日益提高，人们对大葱的消费要求愈来愈高，不仅一年四季要有葱吃，而且一年四季要吃充分长成的成株大葱。因此，开展大葱周年栽培，实现一年四季供应成株大葱很有必要。

(二)满足大葱加工出口贸易的迫切需要

随着中国保鲜大葱出口贸易量的不断增加，外商与出口企业迫切要求一年四季生产和供应成株大葱，以满足出口企业周年加工和出口贸易的需求。因此，开展大葱周年栽培，是满足大葱加工与出口贸易企业的迫切需求。

(三)增加生产效益、提高农民收入

物以稀为贵，在不适宜大葱生长的季节，从事大葱反季节栽培可以获得较高的经济效益。因此，开展大葱周年栽培，可以增加生产效益，提高农民收入，符合国家行业发展的大政方针。

二、大葱周年栽培的可行性

（一）大葱生长对气候条件的要求

（1）对温度的要求：大葱既耐热又抗寒，高温炎热干燥季节临时以休眠状态来适应，严寒冬季不论在露地越冬或低温储藏，均不易受冻害。但是，大葱营养生长期以凉爽的气候条件为宜，温度过高或过低均不利于大葱生长。大葱种子发芽的最低温度为4～5℃，在13～20℃的适温条件下发芽迅速，7～10天便可出土。植株生长的适温为20～25℃，低于10℃生长缓慢，高于25℃植株细弱，叶身发黄，还容易发生病害。大葱生长适温为5～25℃。

大葱通过春化阶段对温度的要求：大葱属绿体春化，即植株达到一定大小的营养体后，经过一定的低温处理，通过春化阶段，再经过长日照和较高温度而转入生殖生长，导致抽薹、开花、结籽。当大葱幼苗超过4片叶，在0～7℃的低温条件下，不足7天就可通过春化阶段。大葱生产要防止植株通过春化抽薹开花。

（2）对光照的要求：大葱对光照强度要求适中，不需要较强的光照。光照过强，叶片纤维增多，叶身老化，食用价值降低，影响商品质量。光照过弱，光合强度下降，叶身容易发黄，影响营养物质的合成和积累，引起减产。

（二）山东适宜大葱自然生长的季节

在山东，适宜大葱生长的季节主要为春、秋季节。冬季寒冷，夏季强光高温，均不适合大葱生长。因此，山东的自然气候特点无法满足大葱周年栽培的需求。山东大葱传统栽培多采取一年一作，既秋季或早春播种育苗，夏季定植，秋末冬初收获供应充分长成的鲜大葱。其他季节没有鲜大葱供应。冬季吃冬储干葱，春季吃假植栽培的羊角葱，夏季吃未充分长成的小葱（苗）。要想实现大葱周年栽培供应，必须利用保护设施创造小环境条件，来满足大葱对温度等条件的需求。

（三）保护栽培的设施

根据对光照、温度的调控要求不同，保护栽培设施分为采光保温、遮光降温等类型。采光保温主要用于冬季或早春、晚秋保护栽培；遮光降温主要用于夏季生产。

采光保温设施：设施结构应尽量多采集太阳光，利用太阳光的热能提高设施内的温度，由于温室效应，使设施内的小气候温度大于自然温度；尽量提高设施围护结构的保温效果，减少设施内的热量散失，保持设施内的一定温度，如温室、大棚等。

遮光降温设施：设施结构应具备遮光降温性能，减少设施内的进光量，降低设施内的小气候温度，使设施内的小气候温度小于自然温度，如遮阳棚等。

第二节 章丘大葱周年栽培技术

根据收获时间不同,章丘大葱周年栽培分为春葱栽培、夏葱栽培、秋葱栽培、冬葱栽培。冬葱栽培即章丘大葱传统栽培,以干葱供应市场。其他三季大葱均为以青葱供应为主的栽培模式。青葱主要以假茎和绿叶供应市场,因此栽培对产品大小规格、生产、收获季节要求不严格。可根据市场需求,通过排开播种期、露地结合设施栽培,实现周年供应。依据栽培方式和供应季节,除春葱、夏葱、秋葱,青葱还有闰葱、再生葱等。

一、春葱

夏播秋栽,春季收刨供应。一般于6月下旬至7月中旬播种,9月上中旬定植,翌年4月以前收刨上市。该栽培茬次的关键技术是育苗、越冬后管理和适时收获。

播种育苗期正值夏季高温多雨季节,保墒防涝、及时去除杂草是此期的技术关键。育苗地块应选择地势高燥、浇水方便、土壤透气疏松的地块。采用平畦条播,播种后覆盖地膜保墒,畦面喷施除草剂防杂草。9月上中旬定植。越冬后加强肥水管理,促其早发快长,在花薹抽出之前及时收刨上市。

该茬口葱苗越冬时已具备接受低温通过春化作用的条件,翌年4月能抽生花薹,但必须在抽出花薹之前收获。

二、夏葱

秋播春栽夏供。白露播种(9月中下旬),翌年4月定植,7月开始收获供应。此期栽培最主要的问题是尽量控制葱苗通过春化阶段。为防止葱苗越冬后翌年春天抽薹,可以采取越冬期覆盖栽培,避免葱苗通过春化阶段。春季定植时,应选择无抽薹的葱苗定植。夏季的气候特点是:强光照、高温、多雨、高湿,大葱生长受抑制,病虫害发生较重。采用遮阳网遮光、降温、及时控病虫害是需要解决的关键技术。定植缓苗后要加强肥水管理,促进快速生长,力争进入高温多雨季节之前形成较高的产量。同时要及时防涝与排水,夏季雨水大,大葱田易积涝,但大葱好气怕涝,因此在确保大葱适宜水分供应的同时,特别注意及时排水,防止田间积涝。

三、秋葱

秋播夏栽秋供。秋分播种(9月下旬),翌年4月下旬至5月上旬定植,8～9月收获供应。该茬葱的播种与冬葱栽培一致,但是定植和收获期均较冬葱早1～2个月。该茬大葱价格好、效益高,收获后还可栽培一茬白菜等。

四、冬葱

冬葱亦即章丘大葱传统种植。每年10月上旬播种,翌年6月中旬至7月上旬移栽,11月收获,干葱供应(详见章丘大葱传统栽培技术)。

春葱、夏葱、秋葱无论采取何种种植方式,除播种时间、育苗设施、栽培设施不同,苗期、生长期管理,施肥、浇水、病虫害防治等均与传统栽培一致。

除以上4种栽培方式,生产实际中还有囤葱、再生葱等栽培方式。

五、囤葱

囤葱利用温室、大棚、阳畦等保护设施,对大葱进行假植,使大葱萌发新叶后收刨供应。用于囤葱栽培的葱株愈大,栽后增重效果愈小,采用半成株生产囤葱的效果优于成株葱生产。因此,囤葱生产一般春、夏季育苗,夏季至早秋栽培,冬季温室囤栽,2月收刨供应。

囤葱的方法:选择假茎短、植株细小、商品价值低的干葱,在春节前1个月左右,栽到温室中。可分行囤栽,也可先挖囤栽沟或囤栽畦。分畦囤栽,囤栽前做1m宽的高埂低畦,切齐畦埂,耙平畦面。把选好的干葱一株挨一株挤紧,上面覆盖细沙土,把空隙填满,用喷壶喷少量水,使细沙土下沉。几天以后,基部发出新根,新叶开始生长时浇1次水。以后的浇水量大小、浇水次数,根据天气情况和植株长势而定。晴天,光照充足,温度较高,土壤蒸发量大时,浇水量可稍大;阴雪天,温度低时,不宜浇水。

囤栽青葱可不需要施肥,也可施用少量农家肥,主要靠假茎储存的养分长出新叶,增加的产量部分主要是植株吸收的水分。产量的提高虽然不是很多,但售价却比干葱高。另外,栽青葱是选用商品价值低的干葱,所以经济效益仍然是相当不错的。

囤栽白天温度掌握在5~20℃,夜晚保持在8~10℃。温度过高,生长虽快,但产量低。葱从长出2~3片绿叶到花薹现露,其间可根据市场行情分期收获上市。收刨后的葱要精心整理,摘除老叶、烂叶,用水清洗干净、顺直,捆成0.5~1kg的小捆,呈现出绿白分明的清新色彩。

六、再生葱(杈葱)

再生葱又称"杈葱",俗称"棒葱",就是繁种大葱在6月上旬收获大葱种子后,随时拔除花薹秆,结合中耕、除草、培土,追施速效氮肥,及时浇水,促进大葱母株潜伏芽快速生长。这茬大葱虽然口感不及冬葱,但商品性好,叶片翠绿,此时正是大葱青黄不接的时候,可随时供应市场,调节供需,经济效益十分可观。

第九章 章丘大葱制种技术

第一节 大葱育种研究概况

大葱是典型的异花授粉作物,同一品种内基因型特别丰富,个体间基因型有较大的差异,对优良变异个体连续定向选择可以选育成优于原始群体的新品种,我国众多的优良地方品种都是这样育成的。然而,随着市场经济的发展和区域交流的不断扩大,栽培用种逐渐集中于少数综合性状优良的品种,一些不符合商品生产、流通的地方品种或农家品种被大量淘汰。同时,由于广泛引种、自繁、繁种技术不规范,出现了品种混杂、种性退化,有些优良的地方品种现在已濒临灭绝。现阶段我国的大葱育种与其他蔬菜育种相比,滞后于生产及流通的发展,这是不争的事实,尤其近几年来对外出口鲜葱及大葱深加工产品的增加,对品种的专一依赖性大大增强。因此,加强大葱育种工作势在必行。

一、大葱种质资源

葱由野生种在我国驯化选育而成,后经朝鲜、日本传至欧洲。我国栽培大葱历史悠久,具有很多宝贵的种质资源。由于适应性强、栽培地域广,同时也形成了大量的地方品种。但对大葱品种类群的划分,目前尚无统一的数量分类标准,仅凭经验依据葱白形状和长短,将大葱品种分为鸡腿型、长葱白型、短葱白型三类。鸡腿型葱白基部明显膨大,比较容易辨认,但长葱白型与短葱白型都属于棒状大葱类型,仅依据葱白的长度来划分(葱白长度是连续性变化的数量性状),很难进行类型区别。

种质资源是育种的基础。大葱在我国栽培历史悠久,经过不断的自然变化与变异及人工选择,已形成了众多的地方品种。中国蔬菜品种志将葱分为 3 个变种,分别为大葱、分葱和楼葱,其中大葱又分为短葱白和长葱白两种类型。大葱的形态变异主要表现在分蘖性、株高、假茎长度和横径、单株质量、低温下的生长速率、高温下的生长速率及休眠特性等。张世德依据假茎的形态将大葱分为 3 个类型:长白型,出叶孔距长,一般为 2～3cm,假茎长,粗度均匀,葱白(假茎)指数(假茎长/假茎横径)大于 10,如章丘大梧桐;短白型,出叶孔距短,假茎粗短,基部略膨大,葱白指数低于 10,如寿光八叶齐等;鸡腿型,假茎粗短,下部显示膨大,呈鸡腿或蒜头状,如莱芜鸡腿葱等。中国农科院蔬菜花卉研究所收集入库

保存大葱品种资源151份。

我国除栽培种,还有野生种,几乎分布在全国各地,如内蒙古沙葱、铁岭大葱等。大葱的适应性强,引种范围较广,但是种质资源分布较窄。国外大葱品种多引自我国。中国大葱种质资源对外输出多,从国外引进的较少。近年来,由于对日本出口的需要,我国从日本引进种植了适合出口日本的大葱品种,如元藏、九条太等。

二、品种选育

大葱育种现有的途径主要有引种、选择育种、杂种优势利用、有性杂交育种、诱变育种等。

(一)引种

大葱以营养器官为产品,是没有严格的成熟标志的蔬菜作物,生长期间无论小苗、大苗还是成龄株、侧芽葱,甚至鲜嫩的花均可供利用。又由于大葱原产地是中亚高山地区,属于全年温差与昼夜温差都很明显的大陆性气候,夏季干旱炎热,冬季严寒多雪,既耐热又耐寒,适应性较广,因此在地区间、国际间引种容易成功,如山东省济南市章丘区的"章丘大葱"已经被我国北方地区广泛引种,南方部分地区也引种。引种中值得注意的是大葱品种的抗寒性,有些品种在北方越冬时死亡率很高,甚至不能安全越冬,对这些类型的品种最好进行春育苗。

(二)选择育种

大葱选择育种的选择方法很多,主要有混合选择、母系选择、单株选择、轮回选择等。近年来,各地先后育成了许多大葱新品种,其选育方法多是利用地方品种或外引品种的自然变异选择而成,如章丘大梧桐葱、章丘气煞风葱、章丘"29系"葱、辽宁三叶齐葱等。

(三)杂种优势利用

杂种优势利用主要是雄性不育系的选育及利用。20世纪70年代,张启沛等在大葱自然群体中发现了雄性不育株,并进一步发现在我国的大葱地方品种中雄性不育广泛存在。山东农业大学和济南市章丘区农业农村局(原章丘县农业局)分别以章丘大葱中发现的雄性不育株为不育源,育成雄性不育系和同型保持系,不育株率达到95%以上,并利用雄性不育系配制了一些杂交组合。佟成富等育成了不育率和不育度均达100%的大葱雄性不育系244A,并利用244A配制了杂交种"辽葱二号"。

(四)有性杂交育种

河北隆尧县农业局以隆尧鸡腿葱与章丘气煞风葱自然杂交,经8年4代选育成了品质较好的鸡腿型大葱"冀葱一号"。佟成富等以冬灵白大葱为母本、三叶齐大葱为父本,母本人工去雄进行有性杂交,经过单株选择和多代混合选择,育成速生、高产、抗病的"辽葱一号"。

(五)诱变育种手段

诱变育种主要有辐射诱变、化学诱变等。山东省莱州市蔬菜所以章丘大葱优良变异株为基础材料,采用钴辐射处理后,经过10年6代定向混合选择,系统选育出"掖辐一号"大葱。

近几年兴起的航天育种亦属此范围,章丘大葱良种就曾搭载"神舟八号"飞上太空。搭载的章丘大梧桐葱种共50g、10000多粒。在两周的太空旅行过程中,章丘大葱种接受太空微重力、太空辐射、温度骤变、高真空等特殊空间环境的考验,在诱变作用下产生变异。返回地面后,再进行一系列的筛选及试验,把种子有益变异加以选择利用,力争选育出拥有自主产权的航天大葱品种。

(六)离体培养研究

近年来,对葱属植物离体培养的研究逐渐增多,利用大葱叶片、花药、花、未授粉子房等进行培养,获得了再生植株,建立了高频植株再生体系和许多无性繁殖系。同时,深入研究了激素在培养中的作用,变异的鉴定和选择,再生能力的保持等问题,拓宽了大葱育种及繁种的途径。

林忠平等利用大葱叶片作为外植体,在MS营养液附加各种激素的培养基上获得了再生试管苗。张松、张启沛等以大葱的花蕾和幼叶为外植体,建立了诱导不定芽以及不定芽生根培养基,建成了组培无性系。这些都为优良自交系的快繁、杂种优势的固定、大葱转基因提供了途径。

(七)抗病毒病育种

吴小洁等认为大葱病毒病很可能是黄矮病毒在葱上的一个毒株,范迪克(Van Dijk)等则命名为"葱黄条病毒"。刘红梅认为这一命名更符合山东大葱毒原特性及症状。对28份大葱品种(系)接种鉴定结果表明,没有发现免疫品种(系),但不同品种(系)的抗性有明显差异,叶色浓绿、蜡粉厚重的抗性强。

总之,在大葱的育种工作中,首先要重视大葱品种资源的收集利用,加强大葱种质资源的收集、鉴定、整理、利用工作,不仅要收集大葱品种资源,也要收集大葱的近植物资源,对资源进行创新、利用。其次要明确大葱的育种目标,大葱新品种选育除了育成高产、冬储干葱率高的品种,还应该品种配套,培育多抗性、多熟性品种,特别是培育耐抽薹、适应出口及干物质含量高的脱水加工型品种。所以,应加强大葱育种基础理论的研究工作,加速雄性不育系、自交不亲和系、无融合生殖等的研究和利用,加快大葱生产杂种化的步伐。

第二节　章丘大葱品种提纯复壮

章丘大葱在栽培过程中,由于缺乏严格的选种或繁种不当,产生机械混杂和自然杂交,都会引起品种不纯。因此,为了获得优良纯种,必须进行严格的良种繁育和提纯复壮。

一、大葱品种退化的原因

大葱是异花授粉植物,利用种子繁殖。一旦忽视了选种留种和繁种期间的隔离,品种就会退化,产量、质量受到影响。为保持大葱优良品种的种性,必须进行提纯复壮。提纯复壮以纯为前提,但纯是相对的,在生物界中没有完全的纯。

品种退化是指一个优良品种经长期栽培和繁殖,品种原有优良性状逐渐减少,品种种性变劣或完全失去生产应用价值。引起大葱品种退化的因素较多:

(一)生物学混杂

生物学混杂又称"天然杂交",是指大葱不同品种或类型间发生了天然杂交,使品种的种性发生混杂,后代失去了原有品种的典型性状和固有的经济价值,造成品种性状不一致,纯度降低。生物学混杂是造成品种退化的主要原因之一。

(二)机械混杂

机械混杂是指种子在收获、脱粒、晾晒、储存、包装等过程中,混入了其他品种的种子。严格说,机械混杂并不是品种本身的退化,但是它改变了品种的组成,降低了品种的纯度,混杂后的种子如继续留种,会进一步引起生物学混杂,故机械混杂对品种退化的影响仍是非常严重的。

(三)自然变异

生物在复杂的自然环境条件作用下,在长期的生存过程中,均可发生自然变异。生物的自然变异多属不利变异。在大葱良种繁育过程中,若不注意及时发现和剔除不利变异植株,便会在逐代繁殖中不断扩大,导致品种纯度降低,引起种性退化。

(四)不注意选择

品种的性状表现受环境条件和栽培管理措施的影响,品种性状的形成和发展受自然选择和人工选择两个因素的影响和制约。自然选择的方向是提高作物的适应性,以便于"传种接代"。人工选择则侧重于提高作物的产品产量和质量,以获取更大的经济收益。自然选择与人工选择的作用、方向不完全相同,只有常进行人工定向选择,才能抵消和扭转自然选择的不利影响。不注意选择,是造成品种退化的最基本原因。

二、提纯复壮的措施

在生产上,不关注品种纯不纯,往往只要经济性状相近、产量稳定、种子能连年使用,即认为品种纯度较高。其实,异花授粉作物品种的纯度是相对的,只能是品种的典型性。群体内基本性状保持一致性和稳定性,也就是相对的纯,对生产有利,便于统一技术管理,而个体间存在异质性,具有较大的抗逆性、适应性和丰产性。

高质量的大葱种子不仅要求有优良的种性,而且还必须有高的纯度。提纯复壮是提高品种纯度,保持品种种性的主要方法。提纯可通过防止生物学混杂和机械混杂来实现,复壮主要靠连续选择来实现。

(一)防止机械混杂

防止机械混杂是在良种繁育的全过程中严格遵守操作规程,堵塞一切可能引起机械混杂的漏洞。无论播种、定植、采收、脱粒、晾晒、清选、储藏、包装、运输……任何一个环节都必须认真细致。采种时必须分品种进行,并分别堆放和晾晒。在种子脱粒、清选和处理加工时,要严格保证场所和用具的洁净。在种子包装、储藏和运输过程中,盛种子的容器内外均要附加标签。不同品种的种子不放在一起,以免引起混杂。

(二)防止生物学混杂

严格隔离是防止生物学混杂行之有效的方法。针对大葱繁种,主要采用器械隔离和空间隔离。因为大葱的开花期短,且比较集中,不同品种和播期很难完全错开花期,所以一般不采用时间隔离法。

器械隔离是利用套袋(采用羊皮纸袋套大葱花球)、罩网棚(利用尼龙或塑料纱网扣采种隔离棚)、塑料大棚或温室隔离,主要用于原原种、原种等少量繁种。

空间隔离又叫"距离隔离",这是大葱繁殖生产用种等大量采种时最常采用的隔离措施。空间隔离不需要任何特殊设备,只要将各种品种的良种繁育地块间隔开适当的距离,保证不发生天然杂交即可。大葱采种的适宜隔离距离为1000m以上,无屏障物的隔离距离适当大些,有屏障物的可适当小些。

(三)去杂、除劣、去病

在严格防止机械混杂和进行空间隔离的基础上,若品种本身纯度不高,同一品种田内混有杂株、劣株和病株,即使品种间隔再好,也不可避免地会出现品种混杂。因此,在大葱良种繁殖过程中,必须经常进行田间检查,将所有的杂株、具有不良性状的劣株和感染病害的病株及早拔除,力争在进入开花期以前将它们彻底清除干净,以免它们与优良植株杂交引起品种的进一步混杂退化。

（四）定向选择

连续定向选择是克服品种退化、提高品种种性的基本途径。连续定向选择能使自然变异的优良植株得到进一步的积累和加强，使品种种性得到日益改善和提高。大葱定向选择的方法主要采用混合选择、单株选择和改良混合选择等方法。

混合选择法主要用于葱种种性退化较重、原始群体内个体差异较大的初级选择。通过混合选择，可以把那些明显不良的淘汰，使个体间性状表现比较一致。混合选择就是从原始群体中选出优良单株，混合采种，混合播种。一般要进行多次混合选择，即在中选后代中继续进行混合选择。混合选择的优点是技术简便易行，缺点是仅根据外观表现选择，不能有效地鉴定遗传性状的优劣。当群体内个体间外观性状比较一致时，混合选择效果不明显。

单株选择法又叫"系统选择法"，选择效果高于混合选择。单株选择就是从原始群体中选择优良单株，然后分别编号，分别隔离采种，分别播种。每一个播种小区为一个单株的后代，称为"株系"。选择时先选株系，再选中选株系内的单株，一般需连续进行多代。单株选择的优点是可以根据株系间的比较来判断中选单株遗传性状的优劣，缺点是技术复杂，异花授粉作物经多代单株选择后生活力易衰退。单株选择在品种提纯复壮中往往与混合选择结合使用。

改良混合选择法是混合选择和单株选择结合使用的方法。这种方法是经过二三次混合选择后，群体的性状比较一致，在此基础上再进行一次单株选择，中选单株进行株系比较，淘汰不良株系，中选优良株系混合采种。改良混合选择法既克服了混合选择不能对植株后代进行鉴定的缺点，也避免了多次单株选择所招致的生活力衰退。大葱提纯复壮主要采用改良混合选择法。

（五）建立健全分级繁种制度

为防止退化，需把原种和生产用种分级繁殖。为了定向选择，大葱原种用成株（用商品大葱作种株）繁殖。为缩短采种周期、降低种株成本，生产用种用半成株（种株介于成株与小葱之间）繁殖，形成成株繁殖原种、半成株繁殖生产用种的二级繁种制度。

三、章丘大葱品种提纯复壮技术

大葱属雌雄同花，易进行同株或非同株异花授粉。在生产上，葱农常因连续多年自己留种，导致大葱种性退化，影响产量和品质。

（一）单株选择，自交制种

11月上、中旬大葱收获时，从整齐度高、性状优良、符合本品种特性的丰产田中选择种株500～1000株。种株的栽植时期分为冬栽和春栽。冬栽的根系发育好，种株生长苗壮，采种量较高。在章丘地区,大部分为春栽,春栽种株收获后储藏在温湿度适宜的地方,翌年春季土壤化冻后按春栽法定植母株。即 3 月下旬至 4 月上旬按行距 60～70cm、株距 8～10cm 定植在沟中,培土灌水,以后加强田间管理,保证正常生长。当花球开放时,再选择 1 次,淘汰不良单株,摘除杂株花球,以确保株选纯度。然后按株编号套袋,每株两旁用竹竿支架,与纸袋固定在一起,以防风吹折花薹。在盛花期每天 8～9 点用手摇动套袋花球,进行人工辅助授粉,提高结实率。6 月上旬种子开始逐渐成熟,分期采收,以花球上部种子开裂而不脱落为适宜采收期。采种时要认真细致,保证入选单株单收、单打、单藏(装上标签编号)。

（二）株行混选混交制种

7 月上旬选好留种田直播单选自交种,建立株行比较圃,留种田隔离区要在 2000m 以上。选择 3 年以上未种过葱蒜类作物的肥沃土地,结合整地每亩施有机肥 3000kg、过磷酸钙 35kg、硫酸钾 25kg,田间管理同大田。在株行比较圃内再进行多次选择,淘汰不良的株行,保留整齐度高、综合性状优良的株行田间越冬,翌年 6 月上旬混合收种,即为提纯复壮的原种。

（三）繁殖生产用种

第一次提纯复壮的原种留少部分播种育苗,并在下年继续从成株中进行株选,按上述程序再次提纯复壮。另一部分用半成株采种法繁殖生产用种。

第三节　章丘大葱常规种制种技术

大葱的种子寿命较短,一般储存条件下仅能保存 1～2 年,因此,大葱制种是大葱生产中的重要环节。大葱制种包括常规种繁育和杂交种配制两类。目前,生产中选用的大葱品种多为地方常规种,因此生产者可自行留种,也可由种苗公司集中繁种,但在繁种过程中应按照提纯复壮的技术方法保持品种的纯度和种性。良种繁育就是繁殖优良品种的种子,并保持品种的纯度,不断提高其种性,满足大葱生产对良种种子的需求。

一、章丘大葱采种方法

按采种种株大小和繁种周期长短不同,采种方法分为成株采种、半成株采种、小株采种、懒葱采种、种株连续采种等方法。

（一）成株采种法

成株采种就是用正常栽培的商品大葱作种株采种。待大葱收刨时,按品种特征选择大葱植株,用作种株定植采种。成株采种是大葱传统的采种方法。优点是种株经过商品

大葱生长阶段,能够有效地进行选种,有利于保持和提高品种种性。缺点是繁种周期长,种株成本高。成株采种从播种到种子成熟采收,生长期在2年以上。每生产1kg葱种需用成株种株120kg左右。

(二)半成株采种法

种株大小介于成株(商品大葱)与小株之间,章丘地区半成株一般于6月中旬至7月中旬播种,越冬前有效生长天数在100天以上。半成株采种周期短,从播种到种子采收需11个月左右的时间;种株需用量少,每生产1kg葱种约需栽植种株40kg;产种量较高,虽然单株采种量赶不上成株采种,但半成株种株易密植,单位面积产种量较成株采种提高30%左右。只是种株未经过商品大葱生长阶段,无法对大葱的商品性状进行有效的选择,若连续采用此法繁种,易造成种性退化。

(三)小株采种法

种株较小,越冬前种株有效生长期在100天以下,越冬期能通过低温春化,翌年春天能正常抽薹、开花结种。小株采种虽周期短,种株用量少,但采种量较低,在生产上很少应用。

(四)懒葱采种法

按种株大小应归为成株采种,但成株采种经过种株选择和定植过程,懒葱采种种株不进行收刨定植,商品大葱就地越冬留种。懒葱采种种株虽经过商品大葱生长阶段,但不进行种株选择。也有的葱农把生长好的大葱当作商品大葱,把生长不好、商品质量不高的就地越冬采种,使品种负向选择,这更加速了品种的退化速度。

(五)种株连续采种法

种株连续采种法又称"无性再生采种法",是利用采种株抽薹结子后基部腋芽萌发所形成的分蘖植株再进行采种。该方法虽节省原种用量,但不利于种株选择,连续多次采种后种性质量不易保证。

上述采种方法各有优缺点,在大葱繁种时应根据繁种的目的选择应用,也可以把不同采种方法结合起来使用。

章丘区采取大葱株选圃、原原种圃、原种圃和生产种制种田"三圃一田"的繁种体系。

为确保章丘大葱的种性,大葱株选圃、原原种圃采用切葱制种法。切葱制种法并非新的制种法,而是成株制种的升级版。过去有人片面地把切葱制种认为只是为了减少养分消耗,更有甚者臆断过去人们生活困苦,切葱是为了食用甚至换金钱。其实切葱繁种是章丘先民高度智慧的结晶。切葱繁种又增加了1次选择的机会,通过切葱可以有效剔除对葱(同一叶鞘中包含2棵相对独立葱),甚至是三葱(同一叶鞘中包含3棵独立葱),还可再次发现病虫害株并剔除。同时,能根据大葱典型性状选择,如大梧桐葱白垂直断面应是比较规则的同心圆,对断面呈椭圆等不规则形状的种株可去除。这一过程既简单又有效,事半功倍。切葱时需保留基部假茎20～25cm。

为缩短繁种周期,实现繁种产量高的目标,生产过程中采用二级采种体系,即"连续成株选种繁殖原种,用成株繁殖的纯正原种培育成半成株,用半成株繁殖生产用种"。成株繁殖原种能保持大葱品种的优良种性,半成株繁殖生产用种周期短、种株成本低、产种量高、经济效益好,两者结合,既能保证种性不退化,又能提高葱种产量,缩短繁种周期,有较高的推广应用价值,已被广泛用于大葱种子生产(见图9-1)。

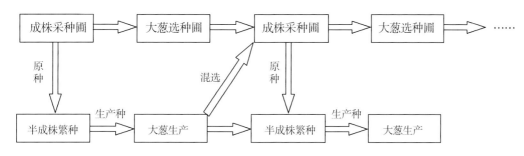

图 9-1　成株、半成株二级采种程序

二、章丘大葱采种技术

以成株繁殖原种、半成株繁殖生产种的二级采种体系为例,分别介绍成株、半成株采种的主要栽培管理技术。

(一)成株繁殖原种

1.种株的选择

选择综合性状好的种株是大葱采种的关键。优良种株选择的标准是假茎等主要经济性状保持原品种特性、植株健壮、假茎洁白粗壮、不分蘖、抽薹性一致。生产原种的种株要经4次选择。第一次在移栽时进行,除去杂苗、弱苗、病苗、伤残苗以及不符合本品种特征的苗。第二次在生产田秋季植株旺长时选择生长势强、植株高大、葱白长而粗壮、上下一致、叶片直立、叶肉肥厚、不分蘖、不抽薹、抗倒伏、抗病性强、具有本品种特征的单株挂牌标记。第三次在收刨时对挂牌单株进行筛选,剔除返青迟、腐烂、受冻、发病的异常种株。第四次在采种时进行,淘汰侧生花球和不良单株。半成株繁殖生产用种时种株选择除在苗期进行,主要在生产田抽薹期进行,要及时清除一些侧生花球和不良单株。对于株行圃、原原种圃来说,种株还要增加1次切葱选择。

2.严格隔离

原种对种性的纯度要求较高,而大葱属虫媒花异花授粉作物,所以必须严格隔离。制种田应选择土壤肥沃、排灌方便的地块,且须具备较好的自然隔离条件,以防遗传病菌迁入。大葱制种主要的隔离方法有空间隔离、距离隔离和时间隔离3种。若采取距离隔离,一般隔离距离在2000m以上;空间隔离可利用30目以上的纱网棚隔离制种,以实现与外界花粉隔离的效果;时间隔离即制种田开花授粉期与其他品种的开花授粉期错开。

3. 栽植

不要在栽植地越冬留种。栽植地越冬繁种有很多不利因素,如品种易混杂、病虫害发生较多等。

大葱是异花授粉作物,自然杂交率很高,在选择种子田时,一定要注意在2000m以内不能有其他不同的品种,防止自然杂交混杂退化,以保持优良品种的特征、特性和纯度。栽植种株可分为冬前栽植和早春栽植。

冬前栽植就是在收获以后,将选好的种株定植在田间或庭院15cm的定植沟中,行距70~80cm,每沟栽一行,每亩栽2万株左右。栽植后覆土封沟越冬。越冬前浇足冻水。冬前栽植的种葱有利于根系发育,开春返青早,种子成熟早,产量高。一般冬前栽植的种葱每亩产种子100~150kg。

早春栽植在惊蛰节前进行,栽植地在冬前深翻,施足基肥,浇足冻水。栽植时将葱白的顶部切去1/3,种葱老须根剪短1/2,栽植深度、行距、株距和冬前栽植一样,栽后外露葱白4~6cm。

4. 田间管理

种株返青后,及时浇水,并将外层干叶鞘剥开,因为外层叶鞘失水紧固,阻碍心叶和花薹的抽生发育。不剥外层叶鞘的花茎会由于外表紧固而花薹上粗下细,易被风吹断。抽薹前后时期的种株要经常浇水,保持土壤湿润。花蕾膨大期要注意培土固本,防止倒伏,发现种株滋生侧芽,要坚决拔除,以免影响种子的质量。

5. 去杂去劣

去杂去劣是保持品种原有特性的重要措施,应在大葱本品种特性充分展现开始至开花前多次进行。

具体方法:在生长盛期和开花期,根据叶色、株型、分蘖性、抗病性、开花习性选择具有本品种优良特性的优良单株。及时淘汰分蘖株、株型不符、抽薹过早或过晚、育性不佳、感病的单株。秋季收获,翌年春栽的还应在收获时再次对株高、叶形、叶数、叶身与叶鞘的比例,假茎的形状、长短、粗细紧实度、外皮色泽及分蘖性等进行复选,入选的种株混合储藏待栽。

6.预防种株倒折

原种种株常因培土不足或刮风导致花薹折断或植株倒伏,结实期因种球质量增加尤易折断花薹,严重影响种子产量和质量。

花蕾膨大后,要搞好防风措施,多在花薹两侧夹上栅栏,栅栏可稀点,然后用横杆把两侧栅栏绑上,将花薹夹在中间,但不要夹得太死,留有一定间隙。横杆放在花蕾下面的位置,不要离花蕾太远。开花期要注意及时浇水,保证灌浆吸水需要,在种子成熟期则应减少浇水次数,促进种子成熟。

7.人工授粉

盛花期以前注意防虫,进入盛花期尽量不喷施农药,以利于昆虫传粉。在传粉昆虫较少或机械隔离采种时,为提高葱种产量,可进行人工辅助授粉。人工授粉的方法有两种:一是用鸡毛掸子顺行轻拂葱球,优点是速度快,缺点是授粉效果差;二是用手辅助授粉。用手辅助授粉时,一只手扶住花球基部,用另一只手的掌心轻柔抚摸花球有花粉的部位和雌蕊,上下左右 1~2 次,每 3~4 天进行 1 次,一般需进行 4~5 次,优点是授粉均匀,缺点是授粉速度慢。授粉时间以晴天上午 9:30 至下午 3:30 为宜,中午气温偏高时可暂停。

(二)半成株繁殖生产种

半成株采种是章丘大葱主产区繁殖生产种的主要方式。大葱半成株的标准一般为花芽分化时已抽出 14~24 片叶片,花芽分化前日均温度高于 7℃的有效生长天数为 100~180 天。

1.采种田选择

采种田应选择土壤肥沃、保水保肥力强、排灌方便的壤土地。为确保种子纯度,采种田要做好隔离工作。一般原原种生产隔离距离不小于 5000m,原种不少于 2000m,生产种不少于 1000m,在其周围不应再安排其他大葱品种和洋葱的采种田,避免病虫害传播及相互串粉。

2.适期播种,培育足龄大苗

播种期决定苗龄长短与种株大小,适时早播,有利于延长种株生长期,提高种株重量,增加产量。在章丘,葱种采收期多在 5 月底、6 月初进行,在大葱原种收获和其他夏收作物倒茬后,要及时整地、施肥、做畦,尽早播种。葱种无休眠期,原种采收后可立即播种。为便于使用新原种和茬口安排,半成株种株播种期定为 6 月中旬至 8 月初,最迟不能晚于 8 月中旬。

半成株株龄应达到的标准:种株进入花芽分化前的有效生长天数在 100 天以上,花芽分化时已长出叶鞘的总叶数达 14 片以上,种株定植时的单株重不低于 20g。

3.播种方法与苗床管理

半成株育苗正值夏季高温多雨季节,易形成草荒,为便于苗床除草、中耕、肥水管理,最好采用平畦条播。在施足底肥的基础上,耕翻、耙细,按 1.2～1.4m 宽做畦,在畦内按行距 15～20cm 开小沟,然后将种子撒于沟内。为撒种均匀,最好将种子与草木灰或沙土按一定比例混合均匀后再撒,每亩用种 1kg。然后用铁耙子横着种沟耙平,顺行踩踏后浇水。为减少苗期拔草用工,可待水渗下去后地面喷施除草剂,每亩用 25％除草醚可湿性粉剂 600～700g,或 25％灭草灵可湿性粉剂 750g 搀细干土 15～20kg,均匀撒入地面即可。每亩也可用 50％除草剂 1 号(南开 1 号)0.1～0.15kg,兑水稀释后地面喷雾。为防止出苗前苗床表土落干不易出苗,可于畦面上覆盖地膜保墒,出苗后及时揭膜,以防灼苗。从播种育苗到栽植的时间较短,苗期不间苗,只进行除草和施肥浇水。

4.适时栽植,合理密植

同期播种不同时期移栽,对产种量有明显影响,适时早栽有利于提高产量。章丘地区适时移栽期为 9 月底至 10 月初。栽植过早,不仅葱苗过小,而且也不宜作物倒茬。栽植偏晚,起苗时根系伤亡量大,移栽后新根发生量少,影响种株生长,不利于提高产量。葱苗较小时可采用平畦墩栽,行距 30cm,每墩 3～4 株,每亩栽植 60000 株左右。若葱苗较大,以采用沟栽为好。沟栽易于肥水管理,有利于提高葱种采收后的杈葱(再生葱)产量。沟栽每沟可栽单行,也可栽双行,单行沟距 50cm,双行沟距 80～90cm,双行要交错栽植,每亩栽植 40000～50000 株。

5.田间管理

大葱繁种田重点抓好冬前管理和冬后管理。定植前深翻土、多施基肥,一般每亩施有机肥 3000～4000kg、过磷酸钙 15～20kg。定植后到越冬前及时中耕,适期培土 2～3 次,每次培土以不超过葱心叶为标准。根据土壤墒情浇好缓苗水、攻叶水和攻棵水,土壤封冻前浇透封冻水,并适当培土以防冬旱,保证种株安全越冬。越冬返青后浇足返青水,及时中耕封土,抽薹期控制灌水,以免花薹徒长和倒伏。开花前追 1 次肥,以氮肥为主,可每亩追尿素 15kg 或碳铵 30kg;开花期增施磷、钾肥,可每亩追硫酸钾复合肥 30kg;开花后籽粒形成期应保持土壤湿润,满足肥水供应,叶面喷施浓度为 2g/kg 的磷酸二氢钾溶液 1～2 次,否则种子不饱满,产量降低。在高温高湿季节应注意大葱霜霉病和紫斑病的防治,一般在发病初期用 75％百菌清可湿性粉剂 600 倍液、64％杀毒矾可湿性粉剂 500 倍液或 58％甲霜灵锌可湿性粉剂 500 倍液喷雾防治,各种药剂轮换使用,每 7～10 天 1 次,连喷 3～4 次。发病较重时可用 50％甲霜铜可湿性粉剂 800 倍液,连喷 2～3 次,防治效果好。若发现葱蛆,可结合浇水每亩冲施 40％甲基异柳磷乳油 1.5kg 防治。

6. 放蜂或人工授粉

大葱大面积繁种影响种子产量的重要因素之一是传粉昆虫少,授粉不良,结实率低。有条件的地区可于花期放蜂授粉,每 $667\sim1334m^2$ 地配置 1 箱雄蜂或蜜蜂可促增产 20% 以上。昆虫授粉不足时,可用鸡毛掸子或手工进行人工授粉。

7. 适当补充硼素

花期喷施硼肥可提高大葱结实率,增加千粒重,一般可增产 15%~20%。方法是从始花期(4 月上中旬)开始至终花期(5 月中下旬)叶面喷施 0.1% 硼砂溶液,每 5~7 天 1 次,连喷 3~4 次。

8. 葱种收获及权葱管理

采种前预先在制种田再进行 1 次彻底去杂。大葱种子成熟期不一致,即使同一花球上的种子成熟期前后亦相差 8 天左右,且种子成熟后易脱落,因此,最好分期分批采收。大葱盛花期后 20 天左右,当花球顶部有少量蒴果变黄开裂、种子还未掉落时,为采收适期。采收时选择晴天早晨或傍晚,以免种子散落。用剪刀将整个花球连带 8~10cm 花茎剪下,用花茎养分以促种子后熟。

种子采收后,由于去掉了顶端优势,侧芽葱迅速生长,很快抽出花茎、现蕾、结籽,但这种种子易引起种性退化、减产,不宜采用。收获后的种球放于通风干燥的阴凉处阴干后熟几天后,再晾晒 4~5 天后脱粒,有利于增加千粒重。晾晒种球时应放于篷布或草席之上,严禁在水泥地面、沥青路面、铁板、塑料布上晾晒,以防地面高温烫伤种子,降低发芽率。脱粒去杂后的种子用布袋盛放,置于低温干燥处储藏,注意防潮、防热。常温下不可用铁桶、塑料袋盛放,以免妨碍种子呼吸而降低发芽率。种子袋上要贴标签,注明产品名称、产地、生产时间等。半成株采种一般每亩产葱籽 50~60kg,高产田可达 100kg。

半成株种株生理活性较强,种球采收后由种株基部分生出来的权葱生长势也较强,有必要加强采种后权葱的肥水及病虫害防治,以获取更高的权葱产量。葱种收获后随即拔除花茎秆,及时喷施农药预防大葱病虫害(此期为害大葱的主要虫害有葱蓟马、大葱潜叶蝇,病害有霜霉病等),并及时中耕除草和施肥浇水。可每亩施尿素、硫酸铵等速效氮肥 20~30kg,肥水齐攻后,权葱生长快,产量高,商品性好,叶片翠绿,葱白质地脆嫩。一般葱种收后 20 天左右可收刨权葱上市,也可根据市场行情和作物茬口安排的需要,提早或延后权葱的收获供应上市时间。

三、种子储存

(一)质量标准

种子质量包括品种品质和播种品质两方面。品种品质是种子的内在价值,即通常所

说的品种纯度和种子真实性。品种纯度是指种子典型性状的一致性。种子真实性是指一批种子与所附的文件上的记载是否相符。在鉴定一批种子的品种纯度之前，必须先鉴定种子的真实性，没有真实性的种子也就没有品种纯度。播种品质是指种子的外在价值，有时也叫"商品质量"，主要包括种子的净度、饱满度、发芽率、发芽势、含水量、千粒重、容重、病虫害感染率等。在种子质量标准制定时，通常以品种纯度、净度、发芽率、含水量为主要定级项目。

为了贯彻执行种子质量优质优价的政策，促进葱种质量不断提高，保证为生产提供合格种子，避免葱种事故的发生，国家对葱种质量进行分级，并制定出葱种分级标准(见表9-1)。

表9-1 大葱种分级标准

级别	纯度不低于(%)	净度不低于(%)	发芽率不低于(%)	水分不高于(%)
原种	99	99	93	10
一级良种	97	99	93	10
二级良种	92	97	90	10
三级良种	85	95	85	10

(二)葱种储藏技术

葱种属短命种子，在自然条件下开放储藏时，葱种的寿命及在生产上的可利用年限仅1～2年。若采取先进技术和现代化储藏措施，为葱种创造良好的储藏环境，葱种的寿命可大大延长，甚至保存10年以上仍有较高的生命力。在了解葱种储藏条件的基础上进行科学保存，是提高葱种利用年限的有效途径。

1.葱种储藏的适宜条件

在影响葱种储藏的诸多因素中，最主要的是温度、水分(湿度)和空气。这三个因素是相互影响和相互制约的，某一个因素发生变化，都会对葱种的储藏效果带来一定程度的影响。比如，当储藏环境的温度偏高时，可以通过降低葱种含水量，控制氧气供应量，达到延长种子寿命的目的。同样，在葱种含水量和空气湿度较高时，也可通过降低温度，控制氧气供应量，达到相对延长种子寿命的目的。试验证明，含水量保持在6%左右，储存库温度保持在0℃左右，相对湿度不高于50%是长期安全储存的环境。

安全储存大葱种子的环境条件是干燥和低温。温度越高越要干燥，湿度比温度的影响大。大葱种子在常温下储存，从采收开始，生活力逐渐降低，特别是当环境湿度大和种子含水量高时，种子内胚乳中的淀粉消耗更快，是种子生活力受影响的主要原因。一般当年收获的大葱种子发芽率在90%以上，经一个夏季后发芽率可降到50%左右，常温储藏

2 年以上的种子基本丧失发芽能力。

2.葱种储藏

葱种储藏应根据当地的气候条件、设施、设备和储藏期要求,选用不同的储藏方法。储藏期不足 1 年的,多采用开放式普通储藏法;储藏期 1 年以上的,可采用低温低湿储藏法、干燥密闭储藏法和低温低湿密闭储藏法。

(1)开放式普通储藏法:适用于大批量葱种短期储藏。把充分干燥的葱种装于布袋、麻袋、编织袋等容器中,置于储藏库储藏。储藏库设有降温除湿设备,种子的温度、湿度和通气条件与储藏库内的环境变化一致。

(2)低温低湿储藏法:应将葱种装入塑料袋中,置于低温库中储藏,温度控制在 5℃ 以下,种子含水量低于 8%,可进行较长时期保存。

(3)干燥密闭储藏法:储藏量较小,且储存期较长时,可将葱种与生石灰等干燥剂混合后,装于密封的玻璃瓶、干燥器等密闭器具内储存。该方法能较好地降低储藏环境的空气湿度和氧气含量,达到长期保存的目的。

(4)低温低湿密闭储藏法:可将葱种充分干燥后,使种子含水量降到 6% 以下,并装于塑料袋等密闭的容器内,置于冰箱或低温库内,在 0℃ 以下储藏,可使葱种的寿命延长到 10 年以上。此方法广泛用于品种资源和材料的长期保存。

经低温储藏后的葱种,一旦离开低温环境,种子很快就失去了生命力。因此,经低温储存的葱种,出库后应及时销售和播种,不宜较长时间的存放,以防失去生命力。

第四节　章丘大葱杂交种(F1)制种技术

1987 年 2 月,原章丘县农业局承担了山东省科委正式立项的"大葱雄性不育系的选育及杂种优势利用的研究"课题。课题组历时 4 年艰难攻关,完成了项目预期目标,终于育成章丘大葱三系杂交一代——章杂 1～7 号系列新品种,并于 1991 年 11 月 4 日通过由山东省科委组织的专家鉴定。该项成果填补了国内空白,具有国际领先水平,是我国农作物杂种化过程中继水稻、高粱、油菜、萝卜之后,又一次重大突破。杂交大葱平均葱白长65cm 以上,株高 135～150cm,不仅保持了章丘大葱高、大、脆、白、甜的品质特性,而且具有优质高产、抗病、生长整齐、适应性强等优点。该项成果在 1993 年 12 月获国家发明四等奖,1994 年被国家科委、外国专家局、国家技术监督局等五部委批准为"国家级新产品",2000 年 6 月获国家发明专利。

一、利用雄性不育系生产杂交种的程序

利用雄性不育系生产杂交种需要建立 3 个繁育区,即不育系繁育区、父本系繁育区(有些作物称此系为"恢复系",但商品大葱是以营养体为产品,不是以籽实为产品的,因此,大葱杂交种的父本不必具有恢复性)和杂交种(F1)制种区。

二、杂交种(F1)的亲本繁育

亲本的繁育必须采用成株采种,每代都必须进行严格的去杂去劣,以防止种性退化和变异。

(一)不育系(A 系)的繁育

A 系不育性的保持是由其保持系(B 系)完成的,因此,不育系的繁育有两个亲本,即 A 系和 B 系。

1.育苗

A 系和 B 系在育苗时必须分开播种,以避免机械混杂。二者用种量(或播种面积)的比例应在 2：1 左右。

秋播或春播育苗均可,出芽率 85% 的种子每平方米的播种量为:秋播不应超过 4g,春播不应超过 2.5g。播期及苗期的其他管理与常规制种田基本一致。

2.定植

秋播苗定植时间一般在 6 月中旬至 7 月上旬。行距 65cm 左右,株距 5～6cm,A 系和 B 系的定植行比为 2：1,即 2 垄 A 系、1 垄 B 系相间定植。如果 B 系的花粉量少,还应缩小定植行比;如果花粉量大,可扩大定植行比。定植后的田间管理同常规种采种田。

3.隔离

A 系的繁育田必须进行严格的隔离,以防止外来花粉的污染。其隔离措施如下:

(1)自然地理隔离。隔离距离应在 2000m 以上。

(2)网室隔离。网布的网目应在 30 目以上。

(3)时间隔离。在冬季利用日光温室繁育亲本。日光温室繁育亲本不但隔离效果好,而且还起加代作用,需人工或放蜂辅助授粉,种子量稍低,成本较高。冬季利用日光温室繁育亲本,种株的定植时间非常关键,种株一定要通过一段时间低温通过春化阶段再定植。

4.去杂除劣

去杂除劣是保持亲本种性的重要措施之一,种株开花以前应多次进行。其内容主要有株型不符、病株、育性不符、抽薹过早或过晚、生殖性状不佳等。

5.授粉

网室内和冬季温室内没有传粉媒介,必须进行细致的人工授粉。最好1天授1次粉,最多不能超过2天。授粉可用手掌(或戴线手套)轻轻触摸花球,在A系和B系间交替进行。在室外的繁种田,传粉昆虫少时或阴天、大风天也应进行人工辅助授粉。

6.种子采收

采收时,A系和B系必须分别收获种球、单独存放后熟、单独脱粒、单独储藏,并做好标记,严防机械混杂。

(二)父本系的繁育

父本系的繁育可采用2种途径。一是专门繁育父本系,隔离自交采种;二是结合杂交种(F1)制种,父本单收,作为下一年制种用。但是这种方法繁育父本系不能连续多代进行,应与前种方法交替进行,因为在半成株制种田内,由于父本是半成株,不利选择,种性容易退化。杂交种的亲本(不育系和父本系)不一定年年繁育,如果条件允许,可一年大量繁育,多年制种用。大葱种子寿命短,种子储藏条件必须按种子生态条件要求严格控制。

三、杂交种(F1)的制种技术

生产配合力高的杂交种(F1)是杂种优势利用的关键环节之一,不但要求杂交种的目标性状有明显的杂种优势,而且要求有充足的种子供应量。

(一)隔离与地块选择

杂交种(F1)生产时,为了降低种子生产成本,便于大量生产,一般都是在自然条件下制种,因此种子生产的地块选择首先要考虑隔离区,以制种田为中心,半径2000m以内不能有非父本种株采种,其次要选择旱能灌、涝能排、土壤适宜大葱采种的地块,最后就是要选择上茬为非葱、蒜、韭茬的地块。

(二)育苗

大葱杂交种(F1)的种子生产,可采用成株制种,也可采用半成株制种。半成株制种占地时间短,种子生产成本较低,这里重点介绍。用半成株制种,种株花芽分化前的营养体大小对种子产量的影响很大,营养体大,种子产量高,因此,育苗播种不能过晚,一般应在6月中旬,不应晚于6月下旬。每亩杂交种不育系和父本系的用种量分别为150～200g和150g。不育系和父本系要分别播种,严禁机械混杂。其他技术措施同不育系和父本系的繁育。

(三)定植

半成株制种只有合理密植方能高产,定植行距40～50cm,株距3～4cm,父母本的面积比例配置为 1∶3,株数配置为 2∶3,即父本行可栽双行,小行距 10cm 左右,母本(不育系)和父本系相间定植。大葱杂交种的种子单位面积产量受母本(不育系)的面积比例影响,母本面积比例在一定范围内越大,产量越高,而这个范围主要由父本的花粉量所左右,所以,大葱杂交种制种要根据父本花粉量的多少合理配置父母本比例。在花粉量够用的情况下,尽量扩大母本比例,同时也要在有限的父本比例中,合理增加父本株数,以增加花粉供应量。待花期结束后,拔除父本种株,以防机械混杂。如果父本有用亦可不拔除,但收种时必须单收、单放、单打、单储,准确标记,严禁混杂。在不育系(A 系)上收到的种子就是杂交种(F1)。

制种田的病虫害防治、其他田间管理和种子收获等请参照常规种采种技术。

第十章　章丘大葱病虫害防治技术

第一节　章丘大葱主要病害防治技术

大葱的主要病害包括紫斑病、霜霉病、锈病、病毒病、灰霉病、疫病、小菌核病、白腐病、黑斑病等。

一、大葱紫斑病

（一）病原

葱链格孢菌，属半知菌亚门真菌。

（二）病症

叶片和花梗受害时，多从叶尖和花梗中部发病。病斑初呈水渍状白色小点，后变为淡褐色圆形或纺锤形稍凹陷斑，继续扩大后呈褐色或暗紫色，湿度大时病部长满深褐色或黑灰色霉粉状物，常排列成同心轮纹状。病斑继续扩展，数个病斑交接形成长条形大斑，使叶片和花梗枯死或折断。该病在温暖多温的条件下易发生，沙土、旱地或缺肥条件下发病较重。

（三）发生规律

寒冷冬季时大葱产区的紫斑病病菌在病株上越冬或以菌丝体随病残体在土壤中越冬，翌年当条件适宜时越冬病菌产生的分生孢子借气流和雨水传播。分生孢子萌发，生出芽管由气孔、伤口或直接穿透寄主表皮侵入。一般温暖多湿的条件有利于此病的发生，葱生长中后期发病较重。发病最适温度为 $25\sim27℃$，$12℃$ 以下不利于病害的发生和流行。病菌产生孢子需要高湿环境，孢子萌发和侵入需叶面有水滴或水膜以及足够的湿润时间，因此在高温多雨季节和阴湿多雨地区或年份往往易发生流行。此外，常年连作、沙性土壤、生育后期脱肥、植株长势弱和葱蓟马为害严重的地块发病严重。

（四）防治方法

（1）加强田间管理。选择地势平坦、排水方便的壤土种植，施足基肥，适当增施磷、钾肥，以增强抵抗力。

（2）实行轮作。与非葱、蒜、韭类作物实行 3 年以上轮作。

（3）选用无病种子。在无病或发病轻的地里留种,必要时将种子用 40％甲醛 300 倍液浸 3 小时消毒,浸后及时洗净。鳞茎可用 40～45℃温水浸 90 分钟消毒。

（4）清洁田园。经常检查病害发展情况,及时拔除病株或摘除病叶、病花梗,并将其深埋或烧毁,收获后及时清除病残体并深耕。

（5）药剂防治。发病初期喷 75％百菌清可湿性粉剂 500～600 倍液,或 64％杀毒矾可湿性粉剂 500 倍液,或 2％多抗霉素可湿性粉剂 30mL/L,每隔 7～10 天喷 1 次,连续防治 3～4 次即可。

发病普遍时,可采用下列药剂防治:58％甲霜灵·锰锌可湿性粉剂 800 倍液,50％异菌尿悬浮剂 1000～2000 倍液,50％腐霉利可湿性粉剂 1000～1500 倍液加 70％代森联干悬浮剂 600 倍液等。兑水均匀喷雾,视病情每间隔 5～7 天喷 1 次,连续喷施 2～3 次。

二、大葱病毒病

该病又称"大葱黄矮病""萎缩病"。大葱因病毒病为害可减产 20％～30％。该病发病较普遍,且无有效药剂防治。

（一）病原

病原菌为黄条病毒,也有人认为是黄矮病毒、矮化病毒。

（二）病症

大葱感病后叶片生长受抑制,叶尖黄化,叶片扭曲变细,叶面凹凸不平,有时叶面生有黄色条状病斑,使叶片呈现浓绿与淡绿相间的花叶,严重时植株矮化或萎缩。

（三）发生规律

病毒附着于大葱假茎或病残体上在田间越冬。由蚜虫、蓟马或汁液、摩擦接种传播。遇高温干旱、氮肥过多、管理粗放、重茬等时,发病重。

（四）防治方法

（1）农业措施:实行轮作换茬,尽量避免重茬。增施有机肥和氮、磷、钾配合施肥,避免单施氮肥。苗圃应远离葱、蒜类作物采种田或种植地。精选葱秧,及时拔除田间病株。整个生育期内注意喷施杀虫剂防治蚜虫和蓟马为害。及时除草,加强管理,提高植株抗性。

（2）药剂防治:发病初期可喷 20％病毒 A 可湿性粉剂 500 倍液,1.5％植病灵乳剂 1000 倍液,5％菌毒清水剂 500 倍液,2％宁南霉素水剂 500～700 倍液,20％盐酸玛啉呱·乙酸铜可湿性粉剂 500～700 倍液。每间隔 6～8 天施 1 次,喷施 2～3 次有一定的防效。

三、大葱霜霉病

（一）病原

葱霜霉菌，属鞭毛菌亚门真菌。

（二）症状

大葱霜霉病主要为害叶及花梗。花梗上初生黄白色或乳黄色较大侵染斑，纺锤形或椭圆形，其上产生白霉，后期变为淡黄色或暗紫色。中下部叶片染病，病部以上逐渐干枯下垂。假茎染病多破裂，弯曲。鳞茎染病，可导致系统性侵染。这类病株矮缩，叶片畸形或扭曲，湿度大时，表面长出大量白霉。发病轻的病斑呈苍白绿色长椭圆形，严重时波及上半叶，植株发黄或枯死，病叶呈倒"V"形。花梗染病同叶部症状，易由病部折断枯死。湿度大时，病部长出白色至紫灰色霉层，即病菌的孢囊梗及孢子囊。鳞茎染病后变软，外部的鳞片表面粗糙或皱缩，植株矮化，叶片扭曲畸形。

（三）发生规律

病菌以卵孢子或菌丝体随病残体越冬。翌年产生分生孢子，借助气流或雨水传播，从气孔伤口或直接穿透表皮侵入。病害发生与气象条件密切相关。夜晚凉湿，白天温暖，浓雾重露，土壤潮湿，最有利于病害发生和流行。最适发病温度为 24～27℃，低于 12℃ 则不发病。一般情况下，地势低洼、排水不良、连作、密植、土壤黏重的地块以及早春、秋季雨水较多时发病重。

（四）防治方法

（1）农业防治：实行轮作，发病地要与非葱、韭、蒜类作物实行 2～3 年轮作。加强栽培管理，基肥多施有机肥，适当增施磷、钾肥。合理浇水，不使土壤湿度过大。保持田园卫生，收获后彻底清除病残体，及时深耕。选择地势平坦、排水方便的肥沃壤土作苗床和栽植地。雨后及时排水，土壤湿度高时，浅中耕散墒。合理密植，加强肥水管理，定植时淘汰病苗，早期拔除田间系统侵染病株，携出田外烧毁。

（2）药剂防治：种子可用 40％甲醛 300 倍液浸 3 小时杀菌，培育无菌壮苗。苗期和发病初期喷药防治，可用 58％甲霜灵·锰锌可湿性粉剂，64％杀毒矾可湿性粉剂 500 倍液，25％甲霜灵可湿性粉剂 800 倍液，72.2％普力克水剂 800 倍液，72％克露可湿性粉剂 800 倍液，40％乙磷铝可湿性粉剂 500～600 倍液，77％氢氧化铜（可杀得）可湿性粉剂 500～800 倍液等，每 10 天喷 1 次，连喷 2～3 次。大葱叶面有蜡粉，不易着药，为了增加药剂的黏着性，每 10kg 药液可加中性洗衣粉 5～10g。间隔 6～8 天喷 1 次，连续喷施 2～3 次。

四、大葱锈病

(一)病原

葱柄锈菌,属担子菌亚门真菌。

(二)病症

锈病多在大葱生育后期发生,通常为害不重。但若大面积连片种植感病品种,或发病较早,可导致大流行,造成严重减产。主要为害叶片、叶鞘和花茎。病部最初出现椭圆形褪绿斑点,不久以后由病斑中部表皮下生出圆形稍隆起的黄褐色或红褐色疱斑,称为"夏孢子堆"。疱斑的表皮破裂翻起后,散出橙黄色粉末状夏孢子。夏孢子堆圆形、近圆形,长2~3mm,宽0.5~1mm,密度高时,可互相汇合成片,使叶片提前枯死。植株生长后期,病叶上形成长椭圆形稍隆起的黑褐色疱斑,内部生有褐色冬孢子,称为"冬孢子堆"。

(三)发生规律

该病主要在葱生育后期发生。温暖地区可周年发生,冬季寒冷地区以菌丝和夏孢子在植株或田间病残体上越冬。春季气温回升,病菌随风雨传播,发病区域呈点片状分布。章丘大葱主产区一般3~4月上旬开始发病,4月中旬后随气温回升和湿度适宜,病情逐渐加重至全田普发,进入主要为害期。夏孢子萌发适温为9~18℃,高于24℃时萌发率明显下降。春秋多雨、气温较低的年份,此病发生较重。夏季高温,以菌丝体在植株上越夏,秋季可再度侵染和流行。密植、地势低洼、田间积水均利于锈病发生。

(四)防治方法

(1)农业措施:生产上应施足基肥,增施磷、钾肥,提高植株抗病能力。发病初期及时摘除病叶并深埋或烧掉,防止扩散和侵染。避免葱属蔬菜连作或间作套种。加强水肥管理,增强植株生长势和抗病能力。雨后及时排水,降低田间湿度。发病严重田块适时早收。

(2)药剂防治:早春查找发病中心,喷药封锁,以后视病势发展和降雨情况及时喷药。有效药剂有25%三唑酮可湿性粉剂2000~3000倍液,50%萎锈灵乳油800~1000倍液,65%代森锰锌可湿性粉剂400~500倍液等。各种药剂交替使用,每7天喷1次,连续防治2~3次。

五、大葱小菌核病

大葱小菌核病是大葱储藏和采种期的重要病害之一。

(一)病原

核盘菌,属于子囊菌亚门真菌。

（二）病症

主要为害葱假茎。发病初期病部呈水渍状,叶鞘溃疡腐烂,呈灰白色或腐烂褐变,有臭味。当环境湿度大时病部滋生白色霉层,后期假茎病部形成不规则的褐色菌核。假茎叶鞘变腐后,叶片从先端变黄,逐渐向基部发展,最后部分或全部叶片黄化枯死。

（三）发生规律

病原菌以菌核随病残体在土壤中越冬或越夏,借气流传播,带菌种子、土杂肥或病健株接触也可传病。春秋季伴随降雨或高湿环境,土中菌核产生子囊盘,并放射出子囊孢子侵入假茎形成菌丝体,在其代谢过程中产生果胶酶,致病茎腐烂。菌丝体向周边扩展蔓延形成菌核,菌核可迅即萌发,也可长时间休眠。该病属低温高湿型病害,发病适温为15～20℃,要求环境相对湿度在85%以上。每年2月下旬至3月上旬当气温回升至6℃以上时,土壤中的菌核陆续产生子囊盘,4月上旬气温上升至13～14℃时,形成第一个侵染高峰。南方2～4月及11～12月适合发病,北方3～5月及9～10月此病发生较多。常年连作地块,土壤黏重,地势低洼,排水不良,春秋季阴雨天气较多,偏施氮肥等因素均可加重病情。

（四）防治方法

（1）轮作:实行2年以上的与非葱、蒜、韭类作物的轮作。

（2）清理田园:收割后及时清理田园,把病株残体集中烧毁或深埋,减少田间病源。

（3）栽培措施:合理灌溉,雨季及时排水,降低田间湿度,避免发病环境条件。合理密植,改善通风透光条件。深耕土地,特别是秋翻地,可把菌核翻入土下6～10cm,使翌年不能形成孢子再侵染。在春季菌核萌发时,及时中耕,可使菌核不能产生孢子侵染。

（4）药剂防治:发病初期可用50%多菌灵可湿性粉剂300倍液,50%甲基硫菌灵（甲基托布津）可湿性粉剂500倍液,40%菌核净可湿性粉剂1000～1500倍液,50%氯硝胺粉剂,（每亩用药2～2.5kg）,50%速克灵可湿性粉剂1500倍液等。每10天喷1次,连喷2次。

六、大葱疫病

（一）病原

烟草疫霉菌,属鞭毛菌亚门真菌。

（二）症状

主要为害叶片和花茎。染病初期患部出现青白色不明显斑点,扩大后连片成为灰白色斑,致叶片从上而下枯萎,田间出现大片"干尖"现象。阴雨连绵或环境湿度大时病部长出白色棉毛状真菌。天气干燥时则白霉消失,剖检长锥形叶片内壁可见白色菌丝体,此特征区别于葱的生理性干尖。

（三）发生规律

病菌以卵孢子、后垣孢子或菌丝体在田间病残体内越冬。翌年当条件适宜时产生孢子囊及游动孢子，借风雨、灌溉水传播，孢子萌发后产生芽管，穿透寄主表皮直接侵入寄主，后病部又产生孢子囊进行再侵染，为害加重。高温、高湿是此病诱因，适宜发病温度为12～36℃，相对湿度在90％以上时，成株期至采收期发病较重。阴雨连绵、田间积水、密植、土壤黏重、偏施氮肥、植株长势弱等均会加重病害发生。

（四）防治方法

（1）农业措施：尽量避免与葱、蒜类作物连作。选择不易积水地块育苗和定植，合理密植，雨后及时排除积水，平衡施肥，收获后及时清除田间病残体。

（2）药剂防治：

①播前进行种子消毒和苗床消毒。种子用50％多菌灵1000倍或50％福美双1000倍液浸30分钟；苗床用40％五氯硝基苯每1kg拌细土15kg撒施畦面，1/3用于垫土，2/3用于盖种。

②在病症初现时可使用：70％乙膦铝·锰锌可湿性粉剂500倍液，64％杀毒矾可湿性粉剂500倍液或72.2％普力克水剂800倍液，57％烯酰玛琳·丙森锌水分散粒剂2000～3000液，72％锰锌·霜脲可湿性粉剂600～800倍液，76％霜·代·乙膦铝可湿性粉剂800～1000倍液等喷雾。每隔5～6天喷1次，交替用药，连续2～3次效果很好。

③发病普遍时用下列药剂进行防治：72.2％霜霉威盐酸盐水剂800～1000倍液加75％百菌清可湿性粉剂600～800倍液，69％锰锌·烯酰可湿性粉剂1000～1500倍液等，兑水均匀喷雾，视病情每7～10天喷1次，连续防治2～3次。

大葱疫病与霜霉病均可引发葱"干尖"现象，两者的区别是疫病病部会产生白色霉层，撕开叶片可见内壁有白色菌丝体，应注意鉴别防治。

七、大葱黑斑病（叶枯病）

（一）病原

总状匍柄霉菌，属半知菌亚门真菌。

（二）症状

大葱黑斑病又称"叶枯病"，主要为害叶片和花茎。发病初期叶片或花茎褪绿出现黄白色长圆形病斑，后迅速向上、向下扩展，呈黑褐色梭形或椭圆形病斑，边缘有黄色晕圈，病斑上略显轮纹，后期病斑上密生黑色霉层。该病常与紫斑病混合发生，发病严重时叶片变黄或花茎折断，采种株易发病。

（三）发生规律

病菌以子囊座随病残体在土壤中越冬,以子囊孢子进行初侵染,分生孢子进行再侵染。孢子萌发后产生侵染菌丝,经气孔、伤口或直接穿透表皮侵入叶片,随气流和雨水传播。发病适温为 23～28℃,低于 12℃或高于 36℃均不利于该病的发生。环境相对湿度在85%以上有利于病菌产孢,孢子萌发和侵入均需叶表面有水膜存在。该菌属弱寄生菌,温暖湿润条件下的大葱生育后期发病较重。常年连作、土壤黏重、阴雨高湿、施用未腐熟有机肥等均有利于该病的发生。

（四）防治方法

(1)农业措施:重病地实行与非葱、蒜、韭类作物 2～3 年轮作,最好与谷类作物进行 3 年以上轮作。合理密植,定植前将前茬枯株落叶清除干净。育苗期清除病、弱苗,定植后在发病早期及时摘除老叶、病叶或拔除病株,以减少菌源。加强栽培管理,培育无病壮苗,严防病苗入田。使用腐熟有机肥,配方施肥,增施磷、钾肥,避免偏施氮肥。高温阶段切勿大水漫灌。

(2)药剂防治:在发病初期用 50%扑海因可湿性粉剂 1500 倍液,或 64%杀毒矾可湿性粉剂 500 倍液,或 14%络氨铜水剂 300 倍液,或 58%甲霜灵·锰锌可湿性粉剂 800 倍液,或 75%百菌清可湿性粉剂 600 倍液,或 70%代森锰锌可湿性粉剂 600 倍液,50%异菌脲1000～1500 倍液、50%腐霉利可湿性粉剂 1000～1500 倍液、25%溴菌脂可湿性粉剂 500～1000 倍液、70%代森锰锌可湿性粉剂 800 倍液、20%唑菌胺酯水分散粒剂 1000～1500 倍液、25%咪鲜胺乳油 800～1000 倍液等兑水喷雾。每 10 天喷 1 次,连续喷 2～3 次。

八、大葱灰霉病

（一）病原

葱鳞葡萄孢菌,属半知菌亚门真菌。

（二）症状

大葱叶片发病有 3 种主要症状,即白点型、干尖型和湿腐型。其中白点型最为常见,叶片出现白色至浅褐色小斑点,扩大后成菱形至长椭圆形,潮湿时病斑上有灰褐色绒毛状霉层,后期病斑相互连接,致使大半个叶片甚至全叶腐烂死亡。干尖型病叶的叶尖初呈水渍状,后变为淡绿色至灰褐色,后期也有灰色霉层。湿腐型叶片呈水渍状,病斑似水烫一样微显失绿,斑上或病健交界处密生有绿色绒霉状物,严重时有恶腥味,变褐腐烂。

（三）发生规律

以菌丝体、分生孢子和菌核在田间病残体上和土壤中越冬或越夏。翌年当条件适宜时,菌核萌发产生菌丝体,菌丝体产生分生孢子,分生孢子随气流、雨水、灌水传播,病菌由气孔、伤口或直接穿透表皮侵入叶片,引发病害,带菌种子也可传播病害。成株发病较重,易遭多次重复侵染。低温、高湿环境有利于该病发生,发病适温为18~23℃,但在0~10℃低温下病原菌仍然活跃。在适温下,降雨较多和湿度较大是导致灰霉病流行的关键因素,葱的秋苗和春苗均可被侵染。连作地块、排水不良、土壤黏重、种植过密、偏施氮肥等均易加重病害。

（四）防治方法

(1)农业措施:①清洁田园,实行轮作。前作为蔬菜作物要及时清理田间,地头的残枝和枯枝烂叶,要烧毁或深埋,以减少传染源。实行轮作可减少病害发生。一旦发病应及时摘除病叶,带出田间烧毁或深埋。选择土壤疏松、透气性好的地块进行栽培。

②合理施肥,控制浇水。施肥要做到有机肥和无机肥相结合,大量元素和微量元素相结合,以底肥为主、追肥为辅。空气湿度大或连阴雨天要避免浇水;雨季要及时排涝,防止地内渍水;做到勤中耕,松土散湿;如需浇水,以晴天上午进行为好。

③合理密植,保证通风透光良好,以防止病害的发生。

(2)药剂防治:发病初期用以下药剂防治:40%甲基嘧菌胺悬浮剂800~1200倍液,50%腐霉利可湿性粉剂1000~1500倍液,30%异菌脲•环己锌乳油900~1200倍液,40%嘧霉胺悬浮剂1000~1500倍液,40%嘧霉•百菌可湿性粉剂800~100倍液,30%福•嘧霉可湿性粉剂1000倍液,50%甲基硫菌灵500倍液等兑水喷雾,视病情每5~7天防治1次。

九、大葱褐斑病

（一）病原

葱球腔菌、图拉球腔菌,均属子囊菌亚门真菌。

（二）症状

主要为害叶片。叶片染病产生梭形病斑,长10~30mm,宽3~6mm,斑中部灰褐色,边缘褐色,斑面上生黑色小粒点,即病菌子囊壳。严重时病斑融合,致叶片局部干枯。

（三）发生规律

主要以分生孢子器或子囊壳随病残体在土壤中越冬。翌年借风雨或灌溉水进行传播。从伤口或自然孔口侵入,发病后病部产生分生孢子进行再侵染。此外,种子也可带菌,引起叶片发病。气温18~25℃、相对湿度高于85%及土壤含水量高易发病,栽植过密、通风透光差、生长势衰弱的重茬地发病重。

（四）防治方法

(1)农业措施:提倡施用腐熟有机肥。加强管理,雨后及时排水,防止葱地过湿,提高根系活力,增强抗病力。

(2)药剂防治:发病初期喷洒50%速克灵可湿性粉剂1500倍液或50%扑海因可湿性粉剂1000倍液、50%多菌灵可湿性粉剂1000倍液加75%百菌清可湿性粉剂1000倍液。每亩喷兑好的药液50L,隔10天左右1次,连续防治2～3次。采收前7天停止用药。

十、大葱白腐病

(一)病原

白腐小核菌,属子囊菌亚门真菌。

(二)症状

受害植株叶尖变黄,植株矮化枯死,茎基部组织变软,以后呈干腐状,微凹陷,灰黑色,并沿茎基部向上扩展,地下部变黑腐败。叶鞘表面或组织内生有稠密的白色绒状霉,逐渐变成灰黑色,并迅速形成大量菌核。菌核圆形较小,大小为0.5～1mm,常彼此重叠成菌核块,菌核块厚度有时可达5mm左右。

(三)发生规律

该病是一种为害较大的土传病害,以菌核在土壤中或病残体上存活越冬,遇根分泌物刺激萌发,长出菌丝侵染植株的根或茎。病菌适温为15～20℃。一般在春末夏初的多雨季节病势发展快,低温高湿发病重,高温低湿发病慢。长期连作,排水不畅,土壤肥力不足的田块发病重。

(四)防治方法

(1)农业措施:实行3～4年轮作,发病田避免连作;增施肥料,科学配方施肥;加强田间管理,注意清沟排水。

(2)拌种:播前用种子重量0.3%的50%扑海因可湿性粉剂拌种。

(3)药剂防治:喷洒50%多菌灵可湿性粉剂500倍液,50%甲基硫菌灵可湿性粉剂600倍液,50%扑海因可湿性粉剂1000～1500倍液,隔10天左右喷1次,连喷1～2次。

十一、大葱软腐病

(一)病原

细菌性病害。该病的病原菌为唐昌蒲假单胞菌大葱致病变种(大葱球茎软腐病假单胞菌),为胡萝卜软腐欧氏杆菌。病菌在病残体和土壤中腐生,是田间的主要侵染源,一般种子不带菌。

(二)症状

在大葱生长后期,植株外部的1～2张叶片基部产生半透明灰白色斑,叶鞘基部软化

腐烂,致使外叶折倒,并继续向内扩展,致使整株呈水浸状软腐,并伴有恶臭。

（三）发生规律

影响大葱软腐病发生的原因是多方面的,包括气候、品种、茬口安排、种植方式、伤口和肥料等。病菌喜温暖、高湿环境,发病最适宜的环境条件为温度25～30℃,湿度高有利于发病。在茬口安排上,据调查发现,前作为葱类、白菜、甘蓝、马铃薯等的发病重,前作为大豆、玉米等的发病轻。低洼地排水不畅,田间积水,土壤湿度大,通透性差,利于病害发生。调查发现,低洼地较地势高的地块发病重,平畦比垄作和高畦发病重。病菌可以通过伤口侵入,自然伤口、机械伤口、久旱遇雨、流水过量等会造成伤口而发病,潜叶蝇、地蛆、葱蓟马等害虫为害也会造成伤口,这些伤口均增加了发病机会。偏施氮肥,有机肥用量不足的地块比平衡施肥的地块发病重。

（四）防治方法

(1) 轮作:大葱最好与粮食作物轮作,不应与十字花科、伞形花科类蔬菜轮作,如大葱重茬地与小麦、玉米轮作3～5年以上,以恶化病菌生存环境,从而减少菌源基数。

(2)种子消毒:可用72％农用硫酸链霉素浸种30分钟,阴干后播种。

(3)选择适宜的地块:选择旱能浇、涝能排的地块,采取高畦或垄作方式栽培,并覆盖地膜,从而降低田间湿度和地下水位,减少传播途径。近年未种过葱、蒜及十字花科作物的地块能有效地防治大葱软腐病的发生。

(4)加强管理,培育壮苗:减少氮肥用量,增施有机肥,重施磷、钾肥,实行平施施肥,适时移栽,及时除草和防治地下害虫。由于发病后期缺少理想的药剂,因此要从预防出发,加强栽培管理,促进大葱健壮生长,提高大葱自身的抗病能力。

(5)清除田间病残体,进行土壤消毒:对多年发病严重的地块,可撒施生石灰、敌克松。每亩生石灰用量为25～40kg,敌克松用量为0.5～1kg。

(6)药剂防治:田间作业时要尽量减少植株损伤,要及时防治葱蓟马、潜叶蝇、夜蛾、蚜虫等害虫,切断软腐病病菌传染源,减少害虫携带病菌传播蔓延。

①防治害虫,对葱蓟马、潜叶蝇等害虫可选用70％艾美乐7000倍液、1％甲维盐3000倍液防治。

②软腐病发病初期用72％农用链霉素4000倍液、新植霉素4000倍液交替使用,每隔7～10天喷1次,连喷2～3次。对发病中心要重点施药,间隔7～10天连续施3～4次,防止蔓延。

十二、大葱炭疽病

（一）病原

葱炭疽菌。

（二）症状

发病初期在病部出现近椭圆形至纺锤形褪绿病斑，以后发展成不规则形淡灰褐色至褐色坏死斑，后期在病部产生许多黑色小点，即病菌的分生孢子盘，严重时叶片和花梗枯死。

（三）发生规律

病菌以孢子座或分生孢子盘或菌丝随病残体在土壤中越冬。条件适宜时分生孢子盘产生分生孢子形成侵染。发病后借雨水和浇水飞溅使病害传播蔓延。葱生产期间多雨，尤其是鳞茎膨大期多阴雨，或田间排水不良时，病害发生严重。

（四）防治方法

（1）农业措施：收获后彻底清除病残组织，及时耕翻土地，减少越冬病菌。与非葱、蒜类作物实行 3 年以上轮作。

（2）药剂防治：发病初期进行药剂防治，可选用 25％炭特灵（25％溴菌腈制剂）可湿性粉剂 500 倍液，70％甲基硫菌灵（甲基托布津）可湿性粉剂 600 倍液，40％多硫悬浮剂 500 倍液，2％农抗 120 水剂 200 倍液喷雾或浇根。

十三、大葱立枯病

（一）病原

立枯丝核菌，属半知菌亚门真菌。

（二）症状

此病多发生于发芽后半个月内，1～2 叶期大葱幼苗茎基部出现椭圆形或不规则形暗褐色或淡黄色病斑，逐渐向里凹陷，边缘较明显，扩展后绕茎一周，使茎部萎缩干枯，以后幼苗死亡，严重时幼苗成片倒伏死亡。在潮湿条件下，病部和附近地面生出稀疏的褐色蛛丝网状菌丝。

（三）发生规律

病原菌可以在土壤中和病残体中越冬或越夏，可随雨水、灌溉水、农机具、土壤和带菌有机肥传播蔓延。病原菌在土壤中可以存活 2～3 年，在适宜的条件下直接侵入幼苗。土壤带菌多、湿度高、幼苗徒长时，发病重。苗床过低、湿度过高、种植过密、通风不良、光照不足均有利于病害的发生。

（四）防治方法

（1）农业措施：选用上季没种植过葱、蒜类作物的田块作育苗床，经过精细整地，加强苗期管理，保持土壤干湿适度，适时放风透气，及时除草、间苗。发病初期要及时拔除病株，并喷药保护，防止病害蔓延。施用不带病残体的腐熟基肥。

（2）苗床处理：每 100m² 苗床用多宁 200g，均匀拌土撒施，预防苗床带菌发病。

（3）药剂防治：可用 20％甲基立枯磷乳油（利克菌）700～1000 倍液或 72.2％普力克水剂（霜霉威）1000 倍液喷雾防治，常用药剂还有恶霉灵、代森锰锌、百菌清、多菌灵、甲基硫菌灵等。

十四、大葱球腔菌叶斑病

（一）病原

子囊菌亚门的葱球腔菌。

（二）症状

多雨年份发生较重。叶片上病斑呈梭形、椭圆形，中央灰褐色，边缘黄褐色。病斑上聚生许多小黑点，即病原菌的子囊壳。病斑小而多，发生严重时相互汇合，叶片黄枯。

（三）发生规律

病原菌随病残体越冬，侵染下一季作物。管理粗放，田间遗留病残体多，发病也较多。植株遭受冻害后或缺肥，长势弱时发病重。比较凉爽而湿润的天气适于发病，生育后期多雨，病情有明显增长。

（四）防治方法

搞好田间卫生，清除病残体。加强水肥管理，培育壮苗，提高植株抵抗力。通常不需采取特别的药剂防治措施。高感品种发病较早时，可在防治紫斑病时予以兼治。

第二节　章丘大葱主要虫害防治技术

大葱虫害主要有葱蓟马、葱潜叶蝇、葱蝇、甜菜夜蛾等。

一、葱蓟马

葱蓟马是为害大葱的主要虫害之一，发病较为普遍，为害较严重。

（一）为害症状及虫体形态特征

葱蓟马为缨翅目、蓟马科。以成虫和若虫为害寄主的心叶、嫩芽及幼叶，葱类的整个生长期都有其各虫态虫体活动、取食，致葱类受害后在叶面上形成连片的银白色条斑。严重的叶部扭曲变黄、枯萎,远看葱田似"旱象",严重地影响了葱类的品质和产量。北方有生食大葱的习惯,由于近年葱蓟马为害严重,致叶部伤痕累累,所以无法生食。

葱蓟马成虫体长 1.0～1.3mm,黄褐色,有触角 7 节,前胸与头等长,足与体同色,足 6 枚。成虫有翅,翅淡灰白色,翅长超过虫体。若虫共 4 龄,触角 6 节,1、2 龄无翅芽,虫体白色透明。3、4 龄翅芽明显,触角向后伸。若虫爬行慢,成虫可以跳跃移动。卵肾形。

（二）发生规律

葱蓟马在山东 1 年可发生 6～10 代,以成虫和若虫在越冬的葱、蒜类植株的叶鞘内、土壤缝或枯叶杂草中越冬,翌年葱返青时开始活动。成虫比较活跃,借风力扩散,畏强光。以早晚取食为主,多在背阴和叶腋间取食为害。若虫有聚集为害的习性,活动范围较小。气温 25℃以下,相对湿度 60％以下,有利于葱蓟马的发生。干旱少雨的季节发生较严重,进入雨季后为害较轻。

（三）防治措施

(1)清除葱蓟马越冬场所,减少越冬虫源。栽植前整地时,及时清除田间杂草和前茬作物的残株、枯叶,集中深埋或烧毁,减少葱蓟马越冬场所。大葱生长期间勤除草、中耕,减少葱蓟马栖息和繁育场所。

(2)改变田间环境条件,抑制害虫的发生。在早春干旱时,及时灌水,用小水勤浇的方法增大田间湿度,抑制葱蓟马的为害。

(3)诱杀成虫,降低虫口密度。利用黄蓝板诱杀葱蓟马。方法是采用蓝色诱虫板对蓟马进行诱集,效果较好。每亩挂 20～30 块,色板下边距植株顶端 15～20cm,并随作物生长而提升;或 2～3hm² 安装 1 台频振式杀虫灯,4 月上旬开灯,诱杀趋光性害虫。

(4)化学药剂防治:

①虫量较低时,每亩使用 2％甲维盐乳油 20～30g,或 1.8％阿维菌素乳油 60mL。发生严重时,可每亩使用 6％乙基多杀菌素 20mL 进行叶面喷施。使用农药时,一要注意不同的农药交替使用,以削弱其抗药性;二要注意喷施时除植株要喷匀,地面也要喷施药剂,因为有部分老熟幼虫在土壤中化蛹。

②50％氟啶虫胺腈水分散粒剂加 22.4％螺虫乙酯,该配方具有正打反死、双向传导作用,每亩用 15～20g,均匀喷雾,持效期可达 30 天以上。

③22％氟啶虫胺腈加 25％乙基多杀菌素水分散粒剂,是防治刺吸式口器害虫的新配方,具有内吸传导和渗透作用。在害虫发生始盛期,每亩用 10～15g,兑水 30kg 均匀喷雾,喷药后 20 分钟即可死虫,持效期长达 20 天以上。

④62％氟啶·噻虫嗪水分散粒剂（22％氟啶虫胺腈加 40％噻虫嗪）,具有胃毒及触杀

作用。施药后,可被植物根和茎叶迅速吸收,在植物体内上下传导,每亩用 10~15g,兑水 30kg,均匀喷雾,持效期长。

二、葱蝇

葱蝇又称"葱种蝇",幼虫俗称"地蛆""葱蛆""韭蛆",是大葱的主要地下害虫。

(一)为害症状及虫体形态特征

葱蝇为寡食性害虫,主要为害葱类蔬菜,以幼虫蛀食葱类茎等引起腐烂,受害植株地上部叶片枯黄、萎蔫,甚至成片死亡。

葱蝇的生活周期包括成虫、卵、幼虫和蛹 4 个发育形态。成虫为种蝇,灰黄色。卵乳白色,香蕉形。幼虫蛆状,乳白色,体长 6.5~7.8mm。蛹纺锤形,枣红色,长 6.0~6.5mm。

(二)发生规律

葱蝇 1 年可发生 2~3 代,以蛹和少数幼虫在葱、蒜类蔬菜根际周围的土壤中越冬。越冬代成虫 4 月中旬为发生高峰期,4 月中旬至 5 月上旬为幼虫为害高峰期。5 月中旬后化蛹越夏。9~10 月发生第二代。成虫产卵喜欢选择干燥场所,多成堆产于葱叶鞘及周围的表土中,生长势弱的植株受害重。一般成虫寿命 20 天左右,卵期 4~8 天,幼虫期 18~22 天,蛹期较长,为 120~150 天。

(三)防治措施

(1)施肥驱蝇。葱蝇具有腐食性,施入田间的各种粪肥和饼肥等农家肥料必须充分腐熟,以减少害虫聚集。多施入河泥、炕土和老房土等作底肥(河泥、炕土和老房土等具有葱蝇不喜欢的气味,有驱蝇性)。

(2)消灭越冬幼虫和蛹。栽培早葱的冬闲地块,秋末进行深翻,晒死部分越冬幼虫和蛹。另外,冬季灌溉也可有效地杀死部分越冬的蛹。

(3)用糖醋液诱杀成虫。把配制好的糖醋液(红糖 0.5kg,醋 0.25kg,酒 0.05kg,清水 0.5kg,加敌百虫少许)倒入盆中,保持 5cm 深,放入田间即可。

(4)药剂防治:在成虫产卵期及时浇水,保持土壤湿润。在葱蛆发生较重的地方,要注意药剂防治。育苗播种时用药土盖种。当种子播下后,每亩用 5% 辛硫磷颗粒剂 1.3~1.7kg 兑 67~100kg 干细土掺匀成药土,均匀撒盖在种子上,然后再覆盖土。定植时,用 5% 辛硫磷 1000~1500 倍液浸葱苗根部,然后插葱。

幼虫为害期可用 75% 灭蝇胺可湿性粉剂 3000 倍液、40% 辛硫磷乳油 3000 倍液、5% 氟铃脲乳油 3000 倍液灌根。

成虫发生期喷施 2.5% 溴氰菊酯乳油 2000 倍液、20% 菊·马乳油 3000 倍液,间隔 7 天喷 1 次,连续喷 3～4 次。

也可以采取以下方法:

方法一:拌种处理。大葱播种前,用 10％吡虫啉悬浮种衣剂进行拌种,晾干后即可播种,持效期长达 90 天左右,防治效果十分突出。这种方法最简单、最经济,大葱完全达到无公害标准。

方法二:灌根处理。当葱蛆发生严重时,每亩用硫酸铵 1～1.5kg,加入一定比例硫酸亚铁,兑水 150～200kg,结合浇水,将药液浇灌在大葱根部,防效可达 85％～90％。

方法三:将香油油渣(萃取香油后的渣子)少量埋在大葱根部,驱赶葱蛆,1～3 个月内没有葱蛆。

三、葱潜叶蝇

葱潜叶蝇是大葱产区普遍存在的虫害。大葱受潜叶蝇为害后不仅影响大葱生长,而且降低商品质量,所以鲜食栽培的大葱控制其发生和为害意义更大。

(一)为害症状及虫体形态特征

大葱潜叶蝇以幼虫在大葱叶部表皮下潜食叶肉,叶片被害处形成许多狭条状斑(即幼虫蛀食过的虫道),虫道纵向伸展,有的交错或重叠,在一个葱叶上有时有十几头幼虫为害,致使葱叶枯黄。

葱潜叶蝇成虫虫体较小,一般体长 2mm,头部淡黄色,顶部两侧及复眼黑色,胸背黑色,周围淡黄色,翅脉、足褐色,有足刚毛。卵红褐色,长椭圆形。幼虫虫体细长圆筒形,长 3～3.5mm,白色半透明,成熟的幼虫淡黄色。

(二)发生规律

大葱潜叶蝇 1 年发生 2～3 代,以蛹在土中越冬。每年的 4～5 月和 8～9 月发生较重。成虫白天在大葱叶间活动,产卵于叶片上,心叶基本不受为害。卵 4～5 天孵化成幼虫,幼虫潜入叶表皮下蛀食,老熟后离开寄主落到地面上,钻入土中化蛹。幼虫为害期 15 天左右,蛹期 12～14 天。土壤湿度大会使入土幼虫及蛹窒息而死,抑制其发生为害。

(三)防治措施

(1)农业防治:清除病叶残体。在大葱生长时期,发现有被幼虫蛀食的叶子时,应该立即带出田外深埋。收获后,清理残株落叶,用于沤肥或烧毁,可减少虫源,并深翻土壤,冬季要尽量冻死越冬蛹。

(2)物理防治:对育苗基质实施蒸汽高温消毒,可杀死基质中的斑潜蝇蛹,并可兼治土传病害和地下害虫。斑潜蝇蛹成虫盛发期采用黄板诱杀,每亩安装 20 块(25cm×20cm),安装位置在植株上方 20cm 处,可起到较好的防治效果。

（3）化学防治：防治适期为成虫羽化始盛开始防治，每间隔 5～7 天防治 1 次，共防治 2～3 次，用药的最佳时间为晴天早上露水干后至午后 2 点前的成虫活动盛期，并针对植株中下部用药。在若虫盛发期，可采用下列杀虫剂进行防治：240g/L 螺虫乙酯悬浮剂 4000～5000 倍液，10％烯啶虫胺水剂 3000～5000 倍液，10％氟啶虫酰胺水分散粒剂 3000～4000 倍液，25％吡虫·仲丁威乳油 2000～3000 倍液喷雾。施药时适量加入中性洗衣粉或 1％洗涤剂，以增强药液的黏着性。视虫情间隔 7～10 天喷药 1 次。

四、葱蚜

（一）为害症状及虫体形态特征

葱蚜别名"葱小瘤蚜""台湾韭蚜"，主要为害韭菜、野蒜、葱和洋葱等葱、蒜类蔬菜。葱蚜以成虫、若虫群集在葱、洋葱、大蒜等叶片上或花内，吸收汁液，使植株衰弱，严重时叶片枯黄、植株矮小、萎蔫。

（二）形态特征

葱蚜属同翅目蚜科。无翅孤雌蚜体长 2mm，宽 1.2mm，体卵圆形黑色或黑褐色，头部、前胸黑色，中胸、后胸具黑缘斑，腹部色浅，第 6 节有中断横带，第 7、8 节各具宽横带。腹部微具瓦纹，背毛短，腹管色淡。触角细，长约 2.2mm，有瓦纹，第 3 节长，具短毛 27～34 根。喙长达后足基节，额瘤圆隆起外倾，粗糙。腹管花瓶状，光滑。有翅孤雌蚜头部黑色，腹部色浅，第 1、3 腹节具横带，第 4、5 节中侧融合为 1 块大斑，第 6、7 节横带与缘斑相连，第 8 节有窄横带 1 条，其余各节缘斑独立。翅脉镶黑边。

（三）防治措施

防治蚜虫宜尽早用药，将其控制在点片发生阶段。药剂可选用 70％艾美乐（吡虫啉）水分散粒剂 3000～4000 倍液，10％千红（吡虫啉）可湿性粉剂 2500 倍液，10％蚜虱净可湿性粉剂 2500 倍液，20％苦参碱可湿性粉剂 2000 倍液，10％大功臣可湿性粉剂 2500 倍液，50％抗蚜威可湿性粉剂 2000～3000 倍液，1％杀虫素（阿维菌素）乳油 1500～2000 倍液等喷雾防治。

喷雾时喷头应向上，重点喷施叶片反面。阿维菌素类药剂可兼治红蜘蛛、蓟马等害虫，特别是大葱秧苗田施用杀虫素较为理想。吡虫啉类药剂可兼治蓟马，但豆类、瓜类对其较敏感，高温季节及大葱田周边有豆类、瓜类田块时要慎用。反季节栽培保护地栽培大葱也可选用杀蚜烟剂，在棚室内分散放 4～5 堆，暗火点燃，密闭 3 小时左右即可。

五、大葱刺足根螨

（一）为害症状及虫体形态特征

刺足根螨以成螨、若螨为害，为害部位在土表以下、须根以上的叶鞘、鳞茎，须根基部，由外向内取食,受害组织软腐发臭,与大白菜软腐病症状非常相似。受害处随根蛆的增殖不断向四周及内部组织深处蔓延,致地上部叶片细小、发黄,生长缓慢,甚至枯死。大葱受害先是幼苗叶部枯萎,出现脱色症状,严重的葱白组织受损,无光泽,折断。地下须根减少,根系不发达,长势削弱,地上部表现为叶片枯黄,逐渐枯萎死亡,造成田间缺苗断垄而大幅度减产,商品价值也严重下降。

大葱刺足根螨成螨体长 0.58~0.81mm,体呈宽卵圆形,体表光滑,白色发亮,螯肢和附肢浅棕红色,躯体被一横缝分成前半体和后半体,背毛 4 对,第 4 对背毛最长,前侧毛、后侧毛、骶外毛近似等长,骶内毛比骶外毛稍长。幼螨足 3 对,体长 0.2~0.3mm,体半透明,附肢浅紫色;若螨足 4 对,体长 0.3~0.6mm,生殖器未显现,体白色半透明,附肢浅棕红色,可分为第 1、第 3 若螨期 2 个时期。卵椭圆形,长 0.15~0.2mm,乳白色,半透明。

（二）发生规律

以成螨和若螨为害韭菜、葱、蒜假茎,使其腐烂。在高湿条件下,气温 18~23.9℃完成 1 代需 17~27 天,20~26.7℃只需 9~13 天,雌螨交配后 1~3 天即产卵,平均产 195 粒,最多达 500 粒。刺足根螨喜在沙壤中为害,有时一株葱上可达数百头,一条根上有 10 多头,能在土中移动。

（三）防治方法

(1)农业防治:合理轮作换茬,与小麦等作物实行 2 年以上的轮作。大葱收获后进行 25~30cm 深耕,以减少越夏虫源。增施腐熟有机肥,合理控制氮、磷、钾比例,增强大葱的抗逆能力。

(2)插秧期沾根:选购或选用无虫秧苗插种,严格淘汰带虫秧苗。插种前用 2% 扫螨净乳油或 50% 尼索朗(噻螨酮)乳油 2000~3000 倍液浸根 5~10 分钟,杀螨效果可达 90% 以上。

(3)化学防治:可用 20% 螨克(双虫脒、双甲脒)乳油、1.8% 虫螨克(阿维菌素)乳油、20% 扫螨净(速螨灵、哒螨酮、牵牛星)乳油 1000~1500 倍液喷注于大葱基部,防治效果达到 80% 以上。

六、甜菜夜蛾

（一）为害症状及虫体形态特征

甜菜夜蛾是一种多食性害虫,以幼虫蚕食或剥食叶片造成为害,低龄时常群集在心叶中结网为害,然后分散为害叶片。成虫和幼虫寄生于葱类叶片,舔食叶表层或吸汁,伤害叶组织。受害部位常出现黄白色斑点。成虫体长 1.5mm,体色淡黄至淡褐色。幼虫近似

成虫,但无翅。害虫主要出现于夏季,严重时全叶受害,叶片几乎无绿色。

(二)形态特征

成虫体长 10～14mm,翅展 25～33mm,灰褐色。前翅内横线、亚外缘线灰白色。外缘有一列黑色的三角形小斑,肾形纹、环形纹均为黄褐色,有黑色轮线。后翅银白色,翅缘灰褐色。幼虫体色多变,常见绿色、墨绿色,也有黑色个体,但气门浅白色。在气门后上方有一白点,体色越深,白点越明显。卵圆馒头状,直径 0.2～0.3mm,白色,卵呈卵块状,常数十粒在一起,卵块上盖有雌蛾腹端的绒毛。蛹长 10mm,黄褐色。

(三)发生规律

甜菜夜蛾每年发生 4～5 代,以蛹在土中越冬。当土温升至 10℃ 以上时,蛹开始孵化。在北方,全年以 7 月以后发生严重,尤其是 9、10 月。成虫昼伏夜出,取食花蜜,具强烈的趋光性。产卵前期 1～2 天,卵产于叶片、叶柄或杂草上。卵以卵块产下,卵块单层或双层,卵块上覆白色毛层。单雌产卵量一般为 100～600 粒,多者可达 1700 粒。卵期 3～6 天。幼虫 5 龄,少数 6 龄,1～2 龄时群聚为害,3 龄以后分散为害。低龄时常聚集在心叶中为害,并吐丝拉网,给防治带来了很大困难。4 龄以后昼伏夜出,食量大增,有假死性,受震后即落地。当数量大时,有成群迁徙的习性。幼虫当食料缺乏时有自相残杀的习性。老熟后入土作室化蛹。

(四)防治方法

(1)农业措施:人工摘除卵块,晚秋或初春对发生严重的田块进行深翻,消灭越冬蛹。

(2)药剂防治:甜菜夜蛾具较强的抗药性,幼虫为害初期可用 40％菊·马乳油 2000～3000 倍液,40％菊·杀乳油 2000～3000 倍液,10％氯氰菊酯乳油 2000～3000 倍液,5％农梦特乳油 3000 倍液,50％辛硫磷乳油 1500 倍液,10％天王星(联苯菊酯)乳油 8000～10000 倍液,2.5％功夫乳油 4000～5000 倍液,20％灭扫利(甲氰菊酯)乳油 2000～3000 倍液,20％马扑立克乳油 3000 倍液,21％灭杀毙乳油 4000～5000 倍液喷雾防治,每 10～15 天喷 1 次,连喷 2～3 次即可。

比较理想安全的防治方法还有:5％抑太保乳油和 5％卡死克乳油,均用 2000 倍液喷雾;B·t 可湿性粉剂 1000 倍液喷雾;90％杜邦万灵可湿性粉剂 300 倍液喷雾。

七、蛴螬

(一)为害症状及虫体形态特征

蛴螬是一种常见的地下害虫,是金龟子的幼虫,为害多种作物,也会对大葱造成为害,常会啃食大葱根系和葱白等脆嫩多汁部位。根茎遭啃后,大葱根系正常的运输功能受阻,养分和水分不能顺利运输到叶片,导致营养不良,叶片枯黄,生长缓慢,严重影响大葱的产量和品质。

蛴螬体肥大,体形弯曲呈"C"形,多为白色,少数为黄白色。头部褐色,上颚显著,腹部肿胀。体壁较柔软多皱,体表疏生细毛。头大而圆,多为黄褐色,生有左右对称的刚毛,刚毛数量的多少常为分种的特征。如华北大黑鳃金龟的幼虫为3对,黄褐丽金龟幼虫为5对。蛴螬具胸足3对,一般后足较长。腹部10节,第10节称为"臀节",臀节上生有刺毛,其数目的多少和排列方式也是分种的重要特征。

（二）发生规律

蛴螬1～2年1代,幼虫和成虫在土中越冬,成虫即金龟子,白天藏在土中,晚上8～9点进行取食等活动。蛴螬有假死和负趋光性,并对未腐熟的粪肥有趋性。幼虫蛴螬始终在地下活动,与土壤温湿度关系密切。当10cm土温达5℃时开始上升土表,13～18℃时活动最盛,23℃以上则往深土中移动,至秋季土温下降到其活动适宜范围时,再移向土壤上层。

（三）防治方法

(1)物理防治:集中种植区设置杀虫灯,6～8月晚上开灯,诱杀金龟子,减少产卵量。

(2)农业措施:大葱收获后深翻地,机械杀伤部分蛴螬。应防止使用未腐熟有机肥料,以防止招引成虫来产卵。

(3)药剂防治:

①药剂处理土壤:每亩用50％辛硫磷乳油200～250g,加水10倍喷于25～30kg细土上,拌匀后制成毒土,顺垄条施,随即浅锄,或将该毒土撒于种沟或地面,随即耕翻或混入厩肥中施用;每亩用2％甲基异柳磷粉2～3kg拌细土25～30kg制成毒土;每亩用3％甲基异柳磷颗粒剂、5％辛硫磷颗粒剂,2.5～3kg处理土壤。

②毒饵诱杀:每亩用25％辛硫磷胶囊剂150～200g拌谷子等饵料5kg,或50％辛硫磷乳油50～100g拌饵料3～4kg,撒于种沟中,亦可收到良好防治效果。

八、蝼蛄

（一）为害症状及虫体形态特征

蝼蛄属直翅目蝼蛄科昆虫,俗称"拉拉蛄""土狗子"等,不全变态。蝼蛄的触角短于体长,前足宽阔粗壮,适于挖掘,属开掘式足。前足胫节末端形同掌状,具4齿,跗节3节。前足胫节基部内侧有裂缝状的听器。中足无变化,为一般的步行式后足,脚节不发达。覆翅短小。后翅膜质,扇形,广而柔。尾须长。雌虫产卵器不外露,在土中挖穴产卵,卵数可达200～400粒,产卵后雌虫有保护卵的习性。刚孵出的若虫由母虫抚育,至1龄后始离母虫远去。

1.华北蝼蛄

成虫体长 36～55mm,黄褐色(雌大雄小),腹部色较浅,全身被褐色细毛,头暗褐色,前胸背板中央有一暗红斑点,前翅长 14～16mm,覆盖腹部不到一半;后翅长 30～35 mm,附于前翅之下。前足为开掘足,后足胫节背面内侧有 0～2 个刺,多为 1 个。

卵:华北蝼蛄的卵呈椭圆形,初产时长 1.6～1.8mm,宽 1.1～1.3mm,以后逐渐肥大,孵化前长 2.0～2.8mm,宽 1.5～1.7mm。卵色较浅,刚产下时乳白色有光泽,以后变为黄褐色,孵化前呈暗灰色.

若虫:初孵化出来时,头胸特别细,腹部很肥大,行动迟缓。全身乳白色,复眼淡红色。约半小时后腹部颜色由乳白变浅黄,再变土黄逐渐加深。蜕 1 次皮后,变为浅黄褐色,以后每蜕一次皮,颜色加深一些。5、6 龄以后就接近成虫颜色。初龄若虫体长 3.5～4.0mm,末龄若虫体长 36～40mm。

2.东方蝼蛄

成虫体形较华北蝼蛄小,为 30～35 mm(雌大雄小),灰褐色,全身生有细毛,头暗褐色,前翅灰褐色,长约 12mm,覆盖腹部达一半;后翅长 25～28 mm,超过腹部末端。前足为开掘足,后足胫节背后内侧有 3～4 个刺。

(二)发生规律

1.华北蝼蛄

约 3 年 1 代,以成虫若虫在土内越冬,入土可达 70mm 左右。翌年春天开始活动,在地表形成长约 10mm 的松土隧道,此时为调查虫口的有利时机。4 月是为害高峰,9 月下旬为第二次为害高峰。秋末以若虫越冬。若虫 3 龄开始分散为害,如此循环,第三年 8 月羽化为成虫,进入越冬期。其食性很杂,为害盛期在春秋两季。

2.东方蝼蛄

多数 1～2 年 1 代,以成虫若虫在土下 30～70mm 越冬。3 月越冬虫开始活动为害,在地面上形成一堆松土堆。4 月是为害高峰,地面可出现纵横隧道。其若虫孵化 3 天即开始分散为害。秋季形成第二个为害高峰,严重为害秋播作物。在秋末冬初,部分羽化为成虫,而后成、若虫同时入土越冬。

两种蝼蛄均有趋光性、喜湿性,并对新鲜马粪及香甜物质有强趋性。

(三)防治方法

1.农业防治

深翻土壤、精耕细作,形成不利蝼蛄生存的环境,减轻为害;夏收后,及时翻地,破坏蝼蛄的产卵场所;施用腐熟的有机肥料,不施用未腐熟的肥料;在蝼蛄为害期,追施碳酸氢铵等化肥,散出的氨气对蝼蛄有一定的驱避作用;秋收后进行大水灌地,使向深层迁移的蝼蛄被迫向上迁移,在结冻前深翻,把翻上地表的害虫冻死;实行合理轮作,改良盐碱地,有条件的地区实行水旱轮作,可消灭大量蝼蛄,减轻为害。

2.物理防治

灯光诱杀。蝼蛄发生为害期,在田边或村庄利用黑光灯、白炽灯诱杀成虫,以减少田间虫口密度。

3.人工捕杀

结合田间操作,对新拱起的蝼蛄隧道采用人工挖洞捕杀虫、卵。

4.药剂防治

(1)种子处理:播种前,用50％辛硫磷乳油按种子重量0.1％～0.2％拌种,堆闷12～24小时后播种。

(2)毒饵诱杀:先将麦麸、豆饼、秕谷、棉籽饼或玉米碎粒等炒香,按饵料重量0.5％～1％的比例加入90％晶体敌百虫、50％辛硫磷乳油、40％甲基异柳磷乳油制成毒饵,每亩施毒饵1.5～2.5kg,于傍晚时撒在已出苗的葱地或苗床的表土上,或随播种、移栽定植时撒于播种沟或定植穴内。制成的毒饵限当日撒施。

(3)药剂防治:当葱田蝼蛄发生为害严重时,每亩用3％辛硫磷颗粒剂1.5～2kg,兑细土15～30kg混匀后撒于地表,在耕耙或栽植前沟施毒土。另外,用20％菊·马乳油3000倍液、50％辛硫磷乳油1000～1500倍液、80％敌百虫可湿性粉剂800～1000倍液等每7天灌根1次,连灌2次也有较好的防治效果。

第十一章 章丘大葱储存及加工技术

第一节 章丘大葱储存

章丘大葱的储存主要有常规储存和恒温库保鲜储存。

一、常规储存技术

常规储存方法比较简单,适合于家庭及小批量储存。

(一)挖沟储存

大葱收获后,就地晾晒几小时,除去根上的泥土,剔除伤、病株,捆成 10kg 左右的捆,放在通风良好的地方堆放 6 天左右,使大葱外表水分完全阴干。选择背风通风处挖沟(沟距 50~70cm)。若沟底湿度小,可浇 1 次透水。待水全部渗下后,把葱一捆挨一捆地摆放在储藏沟内,然后用土埋严葱白部分。在严寒到来之前,用草帘或玉米秸秆覆盖即可。这样能储存到翌年的 3 月。

(二)埋藏储存

将用上述方法经晾晒、挑选、扎捆的大葱放在背阴的墙角或冷凉室内,底面铺一层湿土,葱的四周用湿土培埋至葱叶处即可。若在室外埋藏,严寒来临前可加盖草苫防冻。

(三)假植储存

在院内或地里挖一个浅平地坑,将立冬前收获的大葱,除去伤、病株,捆成小捆,假植在坑内,用土埋住葱根的葱白部分。埋好后用大水浇灌,增加土壤湿度,促进萌发新根,减缓葱叶干枯,延长保鲜时间。

(四)干储存

将适期收获的大葱晾晒 2~3 天,抖落掉根上的泥土,剔除伤、病株,待 7 天干时,扎成 1kg 左右的葱把,根向下一捆挨一捆地摆放在干燥通风处。在储存期间注意防热与防潮。

(五)冻储存

大葱收获后,晾几日,待叶子萎蔫后,剔除伤、病株,抖掉泥土,捆成小捆,放在空房或室外温度变化小、阴凉、干燥的地方,不加任何保温措施,任其自然冷冻。至严冬,储存的大葱全部冻结,待天气转暖时,大葱可自然解冻。俗话说"大葱怕动不怕冻",大葱在解冻期间切勿搬动,否则解冻后易引起腐烂。

（六）露地越冬储存

种植的大葱到了收获季节而不收获,在土地结冻之前,对大葱垄进行高培土、厚培土,此后可根据需要随时挖出上市。

（七）短期保鲜储存

在阴凉靠墙的地方挖一个 20cm 深的平底坑,坑底铺 0.3cm 厚的沙子,坑的四周用砖围住,坑的大小根据储量而定。大葱收获后或购买回后,先在坑内浇灌 6～7cm 深的水,待水渗下,立即将大葱放入坑内,每隔 3～4 天向坑的四角内浇一些水,这样可以保鲜 1 个月左右,叶子不变黄,不干,可以上市出售。

二、恒温库保鲜储存技术

大葱在恒温保鲜库一般可以存放 3 个月以上。根据葱的品质和储藏环境的不同,储藏周期也不同。大葱恒温库的储藏温度一般为 0～1℃,相对湿度为 80%～85%,储藏期间要定期检查每颗大葱的品质,及时筛除腐烂变质的植株。

（一）技术原理

保鲜冷库技术是现代蔬菜水果低温保鲜的主要方式。它既能调节库内的温度、湿度,又能控制库内的氧气、二氧化碳等气体的含量,使库内果蔬处于休眠状态,出库后仍保持原有品质。所谓“气调保鲜”,就是通过气体调节方法,达到保鲜的效果。气体调节就是将空气中的氧气浓度由 21%降到 3%～5%,即保鲜库是在高温冷库的基础上,加上一套气调系统,利用低温和控制氧含量两个方面的共同作用,达到抑制果蔬呼吸状态的效果。

（二）恒温库建造(以装配式为例)

1.库体

库体建设包括基础圈梁,钢结构框架、防雨篷、聚氨酯彩钢库板、保温门、压缩机、冷风机、温控自控系统。

库底挤塑板铺设在校平后的地坪上,主要作用是调整地坪的水平,通风,防潮、防腐锈。

库体的底板及墙板由不同规格的库板拼装而成,库板之间由挂钩连接,板与板连接处贴有海绵胶带密封,以防漏冷。

底板由凸边底板、中底板和凹边底板组成。

顶板的组成与底板相似,由凸边顶板、中顶板和凹边顶板组成。

隔墙用于将一个库隔成两个或多个隔间,用于分期分批储藏大葱。

2.吊顶风机

风机为高温风机(自然融霜)。

吊顶风机组件包括风机安装板、螺栓、下水加热丝等。

3.库体的安装

(1)划定安装位置,将挤塑板(30mm 厚,60mm 宽)沿南北方向在地面摆平,垫板按500～200mm 间距布置,垫板与地面之间的缝隙用垫片调平。

(2)装墙板,从一个角(通常从房间不便出入的那个墙角)的角板开始,依次向其他几面延伸(包括门框板)。

(3)顶板的安装顺序和底板一样。

(4)安装冷库的库门。

(5)打水泥地面。确保地面与库门底部的密封塑料皮间隙合适。

(6)库板装完后,装上下饰板。最后撕掉库板内外表面的保护薄膜,清洁库体。

4.风机的安装

风机的安装是否合适,直接影响到整个系统的性能及冷库的降温保温性能。

(1)安装时应保证气流通畅,冷库内送风均匀,维修方便。冷风机的风扇射程为 15m,安装时应注意使长度大于 15m 的冷库库温均匀。

(2)风机的排风方向应尽可能朝向门,吸风侧应避开门。

(3)供液管的配置应保证供液量的充足,膨胀阀前无闪发气体;回气管的配置应保证回油流畅,压损不超过 2PSIG。回气管出蒸发器后,上升时应加一回油弯,上升段要缩径。

(4)特大型冷库其顶板需要用立柱支撑。将立柱用膨胀螺栓固定于地面。将钢梁吊起,焊接于立柱上。如高度需调整时,在钢梁与立柱之间加垫铁。顶板放于钢梁上,并做好库板之间的密封,安装好饰件。

5.恒温保鲜冷库建造注意事项

(1)因为保鲜库的保温库板品种丰富多样,所以安装库板时应参照冷库的拼装示意图。

(2)拧紧挂钩时,应缓慢均匀用力,拧至板缝合拢,不可用力过度,以免钩盒拔脱。

(3)拼板时注意在库板的凸边上完整地粘贴海绵胶带。安装库板时,不要碰撞。

(4)隔墙板应用隔墙角钢固定。

(5)库体装好后,检查各板缝贴合情况,必要时内外面均应充填硅胶封闭。

(6)管路及电气安装完成后,库板上的所有管路穿孔必须用防水硅胶密封。

(三)大葱储存方法

先挑选出无病虫害、无明显机械伤残的大葱捆扎成捆。如果长期储存,建议修剪掉叶子,装入箱、筐或袋子中。然后将冷库库温调整至－4℃左右,待温度下降后,将大葱放入冷库堆码储藏,温度尽量保持在 0～1℃,相对湿度保持在 80%～85%。

（四）大葱恒温库储存保鲜技术

大葱自然储存存在失水严重、损耗率大等缺点。有条件的地方可以建恒温库，通过调节大葱的储藏温、湿度和抑制大葱的呼吸活动，达到长期存放大葱的目的。

1. 简易工艺流程

设备检修→冷库消毒→库房提前降温→大葱适时采收→严格挑选捆扎或装箱→快速预冷→合理堆码→储藏条件调控→适时通风→出库销售。

2. 恒温库保鲜技术要点

（1）设备检修。大葱入库前试运行制冷设备，通过运行检查和维修，保证设备处于正常工作状态。

（2）冷库清扫与消毒。硫黄熏蒸（10g/m³，12～24小时），过氧乙酸（26％过氧乙酸5～10mL/m³，8～24小时）或库房专用消毒剂消毒。

（3）库房提前降温。提前2天开机降温，并根据库房实际检测温度进行微调。

（4）大葱预储。大葱采收后，于田间或阴凉通风处进行晾晒或阴干。当表层组织干燥后，移入冷库储藏。在此之前，可以在阴凉干燥处进行预储，一定要避免雨淋。当外界温度降至0℃时，入冷库预冷储藏。

（5）快速预冷。挑选无机械伤、完好的大葱，放在冷库架上，摊开预冷，库温为0～1℃，厚度不可超过30cm。

（6）储存。有效空间的储藏密度为250kg/m³，每天入库量控制在库容量的8％～15％，货垛排列方式、走向及间隙与库内空气环流方向一致。

当大葱温度降至0℃时，采用0.03mm的PVC（打8个直径为1cm的孔）防结露保鲜膜包裹，使根部和叶子露出，温度控制在0～1℃，相对湿度控制在80％～85％。为了防止储藏过程中腐烂，每月用烟熏剂熏蒸处理1次。用此法可将大葱储藏至翌年4～5月。

（7）冷库管理：

①温度管理：最适温度控制在0℃左右，上下不超过0.5℃。冷库达到装载量后要求温度在48小时内达到规定的储藏温度。在整个储藏期要求温度稳定，波动温度不超过1℃。在库内前、中、后三处放置温度计，测量温度计精度要低于0.5℃。

②相对湿度管理：在达到规定的储藏温度后，进行加湿，库内湿度保持在80％～85％。

③空气环流：货间风速保持在0.25～0.5m/s。

④通风换气：在气温较低的早晨和傍晚进行。

⑤检查：每月检查1次，发现问题及时处理。

⑥出库：若库内外温差偏大，应缓慢升至10℃左右后出库。

第二节　章丘大葱制品加工技术

农产品加工是用物理、化学和生物学的方法,将农产品制成各种食品或其他用品的一种生产活动,是农产品由生产领域进入消费领域的一个重要环节。农产品加工可以缩减农产品的体积和重量,便于运输,可以使易腐的农产品变得不易腐烂,保证品质不变,保证市场供应,还可以使农产品得到综合利用,增加价值,提高收入。

大葱制品加工主要包括大葱保鲜制品产品、大葱干制加工产品和大葱深加工产品等。

一、大葱保鲜制品加工技术

大葱保鲜制品加工主要包括保鲜大葱和速冻葱花。

(一)保鲜大葱

1.工艺流程:

收购→运输→切根→修整→擦洗→分级→包装→预冷。

2.操作要点

(1)收购。选择组织鲜嫩、质地良好、无病虫害、无机械损伤、无病斑、无霉烂的大葱。收购后的大葱放入阴凉处,当天收购、当天加工。

(2)运输。大葱收货运输时应避免机械损伤,防止假茎折断及叶片破裂。大葱挖出后去除泥土,用塑料袋打捆。运输时于车厢直立单层运输,切忌于车厢中摆双层或多层,否则易伤叶。大葱收获后应立即加工。

(3)切根。切去根毛时要用锋利的刀片快切,但是注意根盘不能全部切去。

(4)修整。去除多余叶片,用气压剥皮枪将皮剥开,剩内3叶。

(5)擦洗。用干净纱布擦去大葱上的泥土。

(6)分级。按直径和假茎长分为三级,即:L级,直径2cm以上,假茎长30cm以上,叶长25cm;M级,直径1.5~2cm,假茎长30cm以上,叶长20cm;S级,直径1~1.5cm,假茎长25cm以上,叶长20cm。也有的不分级,直径1.8~2.5cm,假茎长35~45cm,全为合格,沿切板上的标准刻痕,将过长叶片按规格要求切去。

(7)包装。用符合国际卫生标准的材料捆扎。一般每330g大葱扎为1束。每15束为一箱(长×宽×高为58cm×15cm×10cm)。也有的直接装箱,规格为5kg装的纸箱(长×宽×高为60cm×25cm×10cm)或4kg装的纸箱(长×宽×高为58.5cm×20cm×10cm)。

(8)预冷。将大葱入库彻底预冷,温度设定为2℃。装运集装箱时温度设定为1~2℃。

(二)速冻葱花

1.工艺流程

原料处理→清洗→切割→脱水速冻→包装→检验。

2.操作要点

(1)原料处理。挑选白长叶绿,无白斑,无干尖,无烂、破叶的大葱。

(2)清洗、切割。用凉水将葱上夹带的泥沙、异杂物洗掉,切后再清洗淘沙。然后进行切割,根据客户的要求确定切割规格。

(3)脱水速冻。速冻前应把水脱净,防止速冻时结块。速冻温度在－35℃左右,冷冻30～40分钟,使成品中心温度达到15℃以下。

(4)包装。包装间的温度应在0～5℃,塑料袋封口要严密、平整、不开口、不破裂,纸箱标明品名、生产厂代号、生产日期、批准号,做到外包装美观牢固,标记清晰、整洁。

(5)检验。检验的卫生指标为细菌总数不高于1000个/g,大肠杆菌低于3个/g,沙门氏菌阴性,金黄色葡萄球菌阴性。

二、大葱干制品加工技术

(一)脱水大葱

1.加工原理

在不破坏大葱所含的营养成分和保持其原有的白、绿颜色前提下,通过干燥脱水的方法来提高大葱中所含的可溶性物质的浓度,使其达到不能被微生物利用的程度。同时,干制过程也使大葱本身酶的活性受到抑制,保持白、绿颜色,以达到长期保存的目的。

2.加工技术关键

(1)抑制酶的活性。在脱水大葱的加工过程中,最易发生的问题是产品酶促褐变。另外,大葱中含有蛋白质、氨基酸、糖等多种营养成分,在加工中也易发生褐变。为了保证产品质量,使脱水葱保持原有的白、绿色泽,可采用还原剂处理法。此法既能抑制酶的活性,又有驱氧的作用,并且处理时间短,效果比较理想,处理后的产品具有新鲜大葱的色泽和浓郁的葱香味,复水性好。

(2)合理控制温度。合理选择大葱烘干温度是脱水大葱生产的另一关键点。温度过高或过低均无法保证产品质量。适宜的烘制条件是温度60～70℃、时间7～8小时,此环境下脱水效果良好。

(3)工艺流程:大葱→去皮、根→清洗→切段→处理→漂洗、沥水→排盘→烘制→脱水葱产品。

(4)操作要点:

①原料:鲜大葱。

②整理:将收获后的大葱去外皮、黄叶与根,洗去泥土。

③切段:将整理好的大葱切成 1～2cm 的段。为了干燥均匀,可把茎叶分开,分装烘盘。

④清洗:将切好的葱段处理,待 30 分钟后进行清洗,以保证产品质量。

⑤烘制:将清洗好的葱于离心机中把表面水分去掉,然后摆盘烘制。

⑥装箱:烘制出的脱水葱进行挑选装箱。

(二)冻干葱粉

冻干葱粉是将新鲜大葱快速冷冻后,送入真空容器中脱水,然后将清洗、切分、漂烫、速冻后的葱丝经过升华干燥、拣选、密封或真空包装等工序加工而成。物料先经风冷库速冻至 $-40～-20℃$,再进入干燥舱。十几分钟内,真空系统将大气从干燥舱抽到工作压舱,然后由远红外辐射加热物料进行干燥。

加热温度从 40～120℃ 连续可调,但物料温度始终保持在 0℃ 以下,冷凝器工作温度为 $-40～-20℃$,以有效捕获物料升华时的水汽。冻干产品不仅保持了大葱的色香形,而且最大限度地保存了大葱中的维生素和蛋白质等营养物质。冻干葱粉不需要冷藏保存,只要密封包装后就可在常温下长期储存、运输和销售,三五年不变质。

冻干葱粉只有 5% 的含水量,重量轻,可大大降低运输和经营费用。葱粉是一种上乘的调味品,可使用在凉菜、汤、方便汤料中;可用来加工葱香食品,如葱味饼干、葱油饼等。葱粉应用面广,使用方便,是一种理想的调味料。

三、大葱深加工制品加工技术

(一)大葱油

大葱油的加工基本上有 3 种方法:水蒸气蒸馏法、有机溶剂浸提法和超临界 CO_2 萃取法。

水蒸气蒸馏法:将大葱切碎后,加水浸泡,装冷凝管煮沸,使精油与水蒸气一起蒸出。该方法具有设备简单、成本低、稳定性好等特点,是最常用的方法之一。其基本工艺流程为:选择充分成熟、清洁干净、无病虫为害和机械损伤、辛辣味足的大葱→去皮→洗净→水蒸气蒸馏→分液分流→将大葱油分离出来。

有机溶剂浸提法:利用低沸点的有机溶剂乙醚、石油醚等与大葱物料在连续提取器中加热提取,提取液在低温下蒸去溶剂,残留精油。此法所得的精油含有树脂、油脂、蜡等,因此需进一步精制。

超临界流体 CO_2 萃取法:利用高于临界温度和临界压力的流体 CO_2 对许多物质具有

优良的溶解能力的特性进行物质的萃取和分离。同传统的分离方法相比,它具有许多优点:不存在溶剂残留,不会造成环境污染,且萃取的产品质量高、品质好。但是,由于提取工艺所需费用较高,目前在生产上应用较少。

(二)大葱浓缩胶囊

章丘区本地一家济南市农业龙头企业,立足当地实际,充分发挥章丘大葱这一独特、优势资源,利用多年与日本合作的加工技术开发了"大葱浓缩胶囊",不仅可以轻松获取大葱的营养,而且此产品是用章丘大葱浓缩而成的,只需要一粒胶囊便可以得到整棵大葱的营养。

章丘大葱的营养丰富,味感清甜,如果只是作为鲜食用,口腔异味严重,而大葱浓缩胶囊为章丘大葱开辟了一条深加工之路,让我们在保持口腔清爽的情况下,享受了大葱丰富的营养价值,同时也让章丘大葱得到了充分的利用,提高了农副产品的附加值,增加了农民收入。

第三篇／文化篇

第十二章 章丘大葱价值

第一节 章丘大葱营养成分

章丘大葱（大梧桐）主要营养成分是蛋白质、糖类、维生素 A（主要在绿色葱叶中含有）、食物纤维以及磷、铁、镁等矿物质等（见表 12-1）。

表 12-1 章丘大梧桐营养成分分析

营养成分	每 100g 样品含量	每克样品氨基酸含量（mg）	
蛋白质	2.4g	赖氨酸	0.0026
脂肪	0.3g	组氨酸	0.0006
水分	86.2g	苏氨酸	0.0012
灰分	0.6g	精氨酸	0.0018
粗纤维	0.7g	天门冬氨酸	0.0018
碳水化合物	9.8g	丝氨酸	0.0008
总糖	8.6g	谷氨酸	0.0099
热量	195.4kJ	脯氨酸	0.0011
钙	4.6mg	甘氨酸	0.0011
磷	39mg	丙氨酸	0.0019
铁	0.1mg	胱氨酸	0.0004
胡萝卜素	0.05mg	缬氨酸	0.0011
硫胺素	0.08mg	蛋氨酸	0.0011
核黄素	0.06mg	异亮氨酸	0.0009
抗坏血酸	20.2mg	亮氨酸	0.0019
		酪氨酸	0.0006
		苯丙氨酸	0.0010
		总含量	0.0298

资料来源：金福坤，北京市食品研究所，1981 年 3 月 23 日。

第二节　章丘大葱功效

葱性温味辛,具有散寒健胃、祛痰、杀菌、利肺通阳、发汗解表、通乳止血、定痛疗伤的功效,可用于治疗痢疾、腹痛、关节炎、便秘等症;葱独特的香辣味来源于其挥发的硫化物葱素,能刺激胃液和唾液分泌,增进食欲;特别是章丘大葱中含有大量特殊元素硒,具有防止人体细胞老化的功能,所含的苹果酸、磷酸核糖等可兴奋神经系统,刺激血液循环,促使发汗,增强消化液的分泌,增进食欲;葱中所含的多种矿物质及维生素可促进胎儿组织器官的发育和供给孕妇大量的热能,有利于母体和胎儿的健康;葱蒜辣素可杀菌抑菌,抑制亚硝酸盐的生成,从而有一定的防癌作用。

宜食:葱适宜伤风感冒、发热无汗、头痛鼻塞、咳嗽痰多、腹痛腹泻、胃寒、食欲不振、胃口不开者食用;适宜孕妇以及头皮屑多而痒者食用;此外宜在烧鱼烧肉之时作为调味品食用。

忌食:狐臭及表虚多汗、自汗之人忌食。葱不可与蜂蜜、大枣、杨梅和野鸡一同食用。在服用中药地黄、常山、首乌之时,也忌食葱。

大葱可全株入药:

葱白:味辛,性平,无毒。煮汤,可治伤风寒的寒热,消除中风后面部和眼睛浮肿。药性入手太阴肺经,能发汗;又入足阳阴胃经,可治伤寒骨肉疼痛,咽喉麻痹肿痛不通,并可安胎。使用于眼睛,可眼清目明、轻身,使肌肤润泽,精力充沛,抗衰老,祛除肝脏中的邪气,通利中焦,调五脏,解各种药物的药毒,通大小肠,治疗腹泻引起的抽筋以及奔豚气、脚气,心腹绞痛,眼睛发花,心烦闷。另可通关节,止鼻孔流血,利大小便。治腹泻不止和便中带血。能达解表和里,除去风湿,治全身疼痛麻木,治胆道蛔虫,能止住大人虚脱,腹痛难忍及小孩肠绞痛,妇女妊娠期便血,还可以促使乳汁分泌,消散乳腺炎症和耳鸣症状。局部外敷可治狂犬咬伤,制止蚯蚓毒(此症须眉皆落,形似麻风,或夜间身上有蚯蚓声)。解一切鱼和肉的毒。

葱叶:煨烂研碎,敷在外伤化脓的部位,加盐研成细末,敷在被毒蛇、毒虫咬伤部位或箭伤的部位,有除毒作用。还可以治疗下肢水肿,利于滋养五脏,益精明目,发散黄疸病。

葱汁:味辛,性温、滑,无毒。喝葱汁可治便血,可解藜芦和桂皮之毒。又可以散瘀血,止流血、疼痛及头痛耳聋。

葱(根)须:主通气,治饮食过饱和房事过度,治血渗入大肠、大便带血、痢疾和痔疮。将葱须研成末,每次2钱用温酒送服。

葱花:心脾如刀割般的疼痛,同吴茱萸一起煎水服下,有效。

葱籽:味辛,性大温,无毒。使眼睛明亮,补中气不足,能温中益精,养肺、养发。

第三节 章丘大葱与鲁菜

一、章丘大葱与鲁菜的源源

人们常说:"如言山东菜,菜菜不离葱。"

鲁菜,是起源于山东的齐鲁风味,是中国传统四大菜系(也是八大菜系)中唯一的自发型菜系(相对于淮扬、川、粤等影响型菜系而言),是历史最悠久、技法最丰富、难度最高、最见功力的菜系。2500年前,山东的儒家学派奠定了中国饮食注重精细、中和、健康的审美取向;北魏末年《齐民要术》(成书时间为533~544年)总结的黄河中下游地区的"蒸、煮、烤、酿、煎、炒、熬、烹、炸、腊、盐、豉、醋、酱、酒、蜜、椒"奠定了中式烹调技法的框架;明清时期大量山东厨师和菜品进入宫廷,使鲁菜雍容华贵、中正大气、平和养生的风格特点进一步得到升华。山东人喜欢吃大葱与历史、风俗、饮食习惯有关,而且可以确定的是,肯定跟鲁菜是有关系的。

《齐民要术》记载,葱有冬春二种,有胡葱、木葱、山葱。二月别小葱,六月别大葱,夏葱曰"小",冬葱曰"大",而这种大葱很早就用于烹饪之中。齐桓公有个宠臣叫易牙,是中原最有名的厨师,在他的带领下齐国涌现出了大量优秀厨师。同时,在孔子饮食文化观、管子饮食礼仪观的影响下,鲁菜得以迅速诞生与发展。

鲁菜以咸鲜为主,讲究五味调和,其中的大葱、姜、蒜等就是用来增香提味的,在炒、熘、爆、扒、烧等烹饪手法中都要用到大葱。尤其烹饪海鲜时,大葱其特殊辛辣味可解腥调味,以浓郁的葱香遮盖杂味。

同时,鲁菜里自古就有葱香、酱香的烹饪技法,使用大葱来调和百味、中和百味,因此,大葱也就得到了另外一个名字——和事草。可以肯定的是,鲁菜的发展促进了种植和食用大葱在山东民间的普及。

大葱很早就用于烹饪之中。在古代,大葱又被称之为"菜伯"。"伯"指排行第一、老大。古人常食用五种蔬菜:葵、韭、藿、薤、葱,其中的葱是五菜之冠,所以叫作"菜伯"。所谓"匀和豌豆揉葱白,细剪蒌蒿点韭黄",葱白和韭黄的地位同等。

史载:古人在食葱时,主要食用葱白,并将其作为主菜,并非只是作为调味菜。正宗大葱蘸酱就面饼,是地道的山东风味,尤为广大群众所喜食。大葱又是某些山东名菜的主要佐料:烤鸭、红烧肘子、油炸大肠等,都以大葱调味;葱烧海参、葱烧蹄筋、葱烧肉、葱扒鱼唇

等名菜,则以章丘大葱为主料;还有葱油泥、葱椒泥、葱油、葱椒绍酒等用葱制成的调味品等。

二、章丘大葱与传统经典鲁菜

章丘大葱常作鲁菜中的主料,鲁菜名馔以葱命名者如葱烧海参、葱烧蹄筋、葱扒鱼唇、葱爆肉、大葱烧豆腐,无不取大葱为主料,且不分贵贱之物,均可合而烧之,这也是鲁菜的特色之一。

大葱还是鲁菜烹饪中重要的调味品,用葱制成的调味品有葱油——花生油烧热,放入大葱炸后作调料用。葱油泥——猪板油与大葱共剁成泥,制作面点用,如油旋。葱椒泥——大葱与花椒同剁成泥。葱椒绍酒——葱椒泥加绍酒泡制而成。这些调味料在烹调鲁菜时是不可缺少的。至于用葱花爆锅,炸出香味再行炒菜,则是家家户户的"厨师"都能掌握的调味方法。

英国文学家罗伯特在谈到欧洲人的饮食习惯时说:"没有洋葱,烹调艺术将失去光彩。一旦洋葱从厨房失踪,人们的饮食将不再是一种乐趣。"山东人嗜大葱的程度,比欧洲人吃洋葱有过之而无不及。

三、章丘大葱鲁菜新品大烩

2017年,中国(章丘)第十五届大葱文化节——魅力章丘大葱宴健康鲁菜烹饪大赛开赛,共有来自20家知名餐饮企业的优秀厨师参加比赛。选手们八仙过海、各显神通,创造出不少既有创意又十分美味的菜式,且现场烹饪的所有菜品都与章丘大葱有关。此次活动充分展现了烹饪人才的手艺,菜品烹饪方法多样,体现了章丘的地域特色。经过激烈竞争,在本次烹饪大赛夺得桂冠的是来自滨州北海大饭店的宋保信大厨,烹饪菜品为堂焗葱香大黄鱼。

一等奖　堂焗葱香大黄鱼

滨州北海大饭店　宋保信

二等奖　葱香门第

济南济炼宾馆　张明

二等奖　葱乡味道

济南商河温泉基地 于立超

二等奖　葱烧海参斑

济南舜和国际酒店 刘同东

三等奖　葱鱿仙境

济南龙都国际大酒店 李保春

三等奖　葱香罐闷小牛肉

永华舜耕国际酒店 李兴磊

三等奖　名利双收

济南军休大厦　李国平

三等奖　葱香小黄花

济南舜海蒸海鲜坊　侯忠锋

三等奖　葱烧活海参

久方餐饮 陆光辉

三等奖　葱靠牛肉配葱粒鱼圆

济南市章丘区公安局警官餐厅　宋传龙

第十三章　章丘大葱与名人名家

篇一

"章丘是净土，种出好大葱"

《章丘晨报》　孙殿玉

图中左二为时任章丘市农业局植保站站长、高级农艺师胡延萍

2013 年 11 月 24～28 日，中共中央总书记、国家主席、中央军委主席习近平来山东考察，分别深入革命老区、企业、科研院所、文化机构等，考察经济社会发展情况，推动党的十八届三中全会精神学习贯彻。11 月 27 日下午，习近平总书记到济南座谈调研农业和农村工作。我市农业局植保站站长、高级农艺师胡延萍作为五名座谈对象之一、唯一一名基层农技推广人员代表参加了座谈。听了胡延萍的介绍后，总书记详细询问了章丘大葱面积、产量、价格、生产条件等，对章丘大葱的品质给予了高度评价。在谈到土地污染问题时，习近平说："何处是净土？章丘是净土，能种出这么好的大葱。"

"章丘的大葱为什么那么好吃?"

12月2日上午,在农业局的办公室,参加习总书记调研座谈的胡延萍接受了本报记者的专访。"能代表章丘、代表基层农技推广人员参加座谈,我也感觉很自豪。"胡延萍告诉记者,之前三四天她就接到通知,要参加一个座谈会,代表章丘介绍一下农业情况,她做了精心的文字准备。后来才知道是参加习总书记的座谈会,要求却是:工作汇报一概不要,只谈问题、意见和建议。"我首先作了自我介绍,'我是一名来自基层的农业技术推广人员,主要从事章丘大葱种植技术和植保技术的研究推广。'我没有介绍我自己,主要介绍一下咱章丘的大葱呀。"胡延萍笑着说。作为基层技术人员的代表,胡延萍提了两个问题:一是在工作中感到现在一家一户的小规模经营严重制约着新技术、新方法的推广和应用,制约着农业机械化的广泛应用。二是在农药、化肥等农业投入品使用上,建议从源头上有计划地控制农药、化肥等农业投入品的总量,鼓励生产企业生产高效、低毒、低残留的农药;建议在适度规模经营的基础上,建立物联网,让广大消费者通过电视、电脑能看到农业生产全过程,实现农业生产过程接受全社会的监督,来保障农业投入品的安全有效,保障农产品的质量安全。"没想到听完我的介绍和建议后,总书记对于咱们章丘大葱非常感兴趣。"胡延萍说,习总书记详细询问了大葱的种植面积、产量、价格和生产条件。"总书记还问,你们章丘的大葱为什么那么好吃呀?种在别处会不会还能长这么高,这么好呀?"胡延萍都一一作出回答,胡延萍告诉总书记,因为章丘的土壤、泉水、小气候等决定了章丘大葱的高品质、高产量。

"总书记的话非常朴实、非常易懂、非常亲切。"胡延萍说,总书记在讲话中,讲了很多实例和笑话来活跃气氛。"总书记讲话语调不高,很慢、很实在、很有分量。"胡延萍用几个"很"字来形容总书记的话。

"何处是净土? 章丘是净土,种出好大葱"

回到章丘,胡延萍把习总书记的讲话作了整理。"对于三农工作,习总书记主要围绕三句话来讲。一是手中有粮,心中不慌;二是给农业插上科技的翅膀;三是小康不小康,关键看老乡。"习总书记指出,要立足国内粮食基本实现自给,饭碗要端在自己的手里,碗里要装上自己的粮食。现在粮食是十连增,以后也不一定是年年增。我们农产品的需求刚性增长,要掌握供求平衡,也不能出现供过于求,过了导致积极性下降,出现供给不足。总书记强调说,中国要内涵式发展,要提高土地产出率、劳动利用率、平衡生产、生态协调,安全、环保法制化。农业生产在高产、优质、高效上加上安全和生态。要提高水、农药、化肥、饲料的转化率。用科技转化来解决水资源不足、环境压力、重金属污染等问题。"现在污染严重,哪里还有没污染的土地,何处是净土?章丘是净土,能种出这么好的大葱。"总书记还说,最近三年农民的收入增幅较大,要高于城市的增幅,农村的贫困人口减少了,但城乡收入差距依然大,实际是平均数掩盖了大多数。新农村不是建社区、住上楼房就是新农村了,新农村是消除本质上的城乡差距,在公共服务、社会保障等方面与城市均等化。

篇二

葱中之王

明朝嘉靖九年(1530年),《章丘县志》中有关于大葱种植的记载,并记有当时流传下来的四句诗歌:"大明嘉靖九年庆,女郎仙葱登龙庭,万岁食之赞甜脆,葱中之王御旨封。"这就说明在明朝,章丘大葱就被御封为葱中之王,大葱在章丘地区已经普遍种植并且作了当朝贡品。

明世宗
(1507年—1567年)

有诗赞证:"大明嘉靖九年庆,
女郎仙葱登龙庭,世宗食之赞甜脆,
葱中之王御旨封。"

篇三

山东章丘大葱身高赛姚明 农业部部长为其点赞

　　2014 年 10 月 25 日,第十二届中国国际农产品交易会暨第三届中国山东农产品交易会在青岛开幕,章丘首次将大葱节搬到了农交会上,比姚明还要高 0.01 米,2.27 米高的章丘"状元葱"出尽了风头。

　　"章丘大葱,富裕农民。"当天上午,农业部(现农业农村部)部长韩长赋来到章丘名优农产品展区,看到如此"高大上"的大葱,对葱农如此鼓励,并欣然与葱农合影。当听到葱农说"状元葱"比姚明还高后,他笑着对葱农说:"章丘大葱与姚明比身高,这个创意好。"

　　章丘"大葱状元"评选程序严格,评委需对每棵葱的长度、葱白、葱径粗度和葱重 4 项指标进行测量,依据评分规则算出分数后再取平均分进行角逐,最终确定"大葱状元"。

篇四

带着大葱去领奖

刘廷茂(1926～1991年),山东章丘绣惠镇(今山东省济南市章丘区绣惠街道办事处)回北村人,曾任绣惠高级农业合作社副社长。1956年,因其所产的章丘大葱品质优异,刘廷茂被评为"全国农业劳动模范"。他带着章丘大葱进京参加了国务院召开的全国农业劳动模范表彰大会,受到了毛泽东主席的接见,获得周恩来总理署名的奖状。1959年,章丘将单株1kg以上的章丘大葱装了两箱献给党中央和毛主席,受到国家领导人的高度赞扬。后来,章丘大葱远销香港、澳门等地区,赢得"风味独特、佳蔬天成"的赞誉。

篇五

中国杂交大葱之父——杨日如

陈书明

1994年6月2日,《人民日报》发表新华社记者采写的通讯《种"神葱"的人》,中共中央国家机关工作委员会主办的《紫光阁》杂志1994年第8期刊登《中国杂交大葱之父》一文,10月23日中央电视台新闻联播节目"中华学人"栏目也介绍了山东省章丘市高级农艺师杨日如经过17年的艰辛研究,培育出我国第一个大葱杂交种,使杂交大葱比原大葱单产增加七成以上的事迹。新华社的《每日电讯》及《科技日报》、香港《文汇报》等新闻媒体也报道了杨日如的科研经历及其成果。

杨日如,1925年3月13日生,常州市金坛区薛埠镇人。1953年毕业于山东农学院园艺系,同年分配至泰安专区果树园艺场(现为山东省果树研究所)工作,1954年调至章丘市农业局工作,直至1989年10月退休。历任技术员、农艺师、高级农艺师。1995年3月,经国务院批准享受政府特殊津贴。

杨日如从事大葱科研与技术推广工作40多年,做出了卓越贡献。大葱为我国原产,已有近3000年栽培历史的章丘大葱以其植株魁梧,葱白长而亮泽,品质优异,堪称其中之佼佼者,曾被明世宗朱厚熜御封为"葱中之王",成为历代宫中贡品,享誉中外。但在相当长的时间里,章丘大葱种性混杂,产量不高,葱农收益较差。杨日如为了改变这一落后面貌,先后到山东农业大学园艺系等院校深造。1975～1984年,他主持完成了山东省科委下达的章丘大葱品种提纯复壮及高产栽培技术的研究课题,选育出(75)29-1新品系(简称"29系"),逐渐替代了传统农家品种大梧桐和气煞风。因其高产优质,很快风靡全国大葱产区,有的地方称其为"神葱"。此项成果荣获山东省科技进步三等奖。

在成绩面前,杨日如并不满足,认为"29系"毕竟是常规品种。他很快又走上另一征程,进行大葱雄性不育系的研究。1987年2月,他将大葱雄性不育系的选育及杂种优势利用的研究课题上报,取得山东省科委的正式立项。在刁镇种子站的协助下,杨日如和搞遗传工程的妻子曹忠玲等4名课题组成员一起,在时东村13.3hm² 大葱良种基地上,采用网罩隔离方式,开始杂交配种的研究和试制。杨日如家住章丘区明水镇,离大葱基地约20km,他揣着烧饼,拖着患有慢性肺结核的虚弱身体,在葱棚里一蹲就是七八个小时。由于赶路太急或遇上坏天气,两年多的时间里,他摔断过手,碰破过脸,跌掉过牙。为了弥补经费不足,他自掏腰包垫付8000元。1991年2月,正当杨日如艰难攻关的关键时刻,课题第二主持人、杨日如的妻子曹忠玲因车祸不幸身亡,二儿子出工伤事故被截去两个手指,一个孙子也因病夭折。在深重的劫难面前,杨日如并未退缩,终于育成大葱三系杂交一代——章杂1～7号系列新品种,1991年11月4日通过由山东省科委组织的专家鉴定。该项成果填补了国内空白,具有国际领先水平,是我国农作物杂种化过程中继水稻、高粱、油菜、萝卜之后又一次重大突破。杂交大葱平均白长65cm以上,株高135～150cm,不仅保持了章丘大葱高、长、脆、甜的品质特性,而且具有优质高产、抗病、生长整齐、适应性强等优点。杂交大葱亩产比常规品种提高50%～100%,商品率达到100%,亩增效益500～1000元,现已推广至全国,并有部分出口。该项成果1993年12月获国家发明四等奖,1994年被国家科委、外国专家局、国家技术监督局等五部委批准为"国家级新产品",2000年6月获国家发明专利。杨日如被誉为"中国杂交大葱之父",其一代杂交葱种商标也定名为"杨日如牌"。

杨日如是中国园艺学会会员和山东分会理事、济南市专家协会会员。在学术方面,他出版有《章丘大葱新一代》等专著4部,在省和国家级刊物上发表论文30多篇。退休后,他经常应邀与外国专家进行技术交流,并在国内10多个省市兼任政府技术顾问或讲学,直至2011年12月逝世。

杨日如在大棚做研究

篇六

章丘大葱"联姻"全聚德

图中左一为时任章丘市市长刘天东

2012年10月26日,中国全聚德(集团)股份有限公司与章丘市人民政府农餐对接战略合作协议在北京签约。

在签约仪式上,时任章丘市市长的刘天东在致辞中说,章丘大葱与全聚德实现"联姻",是双方期待已久、共同努力、精诚合作的成果,对进一步提升双方品牌,促进各自产业的发展,必将起到新的推动作用。今后将严格按照合作协议要求,高标准建设"中国全聚德集团章丘大葱生产基地",精心培育更高品质的大葱,保障常年直供。

全聚德集团总经理邢颖在致辞中感谢北京市商务委员会和章丘市人民政府的大力支持。他说,此次合作是继全聚德烤鸭实现生产销售可追溯之后,又一个核心产品实现了集中采购、统一配送、质量可追溯,是全聚德集团实施食品安全工程的又一重要举措。全聚德的烤鸭文化与章丘的大葱文化富有创造性地结合起来,体现了两个知名品牌强强联手,资源优势互补,关联产业协同,确保食品安全的社会责任。

"吃全聚德烤鸭,尝正宗章丘大葱。"自此,中外宾客在北京享用全聚德烤鸭的同时,能够吃到配餐的正宗章丘大葱。签订农餐对接战略合作协议,章丘为全聚德专供绿色无公害大葱。同时,章丘与全聚德集团在章丘共建大葱专供基地,品牌强强联手,实现农餐对接,确保品质安全。

篇七

APEC 上的山东元素：章丘大葱走进国宴

APEC 会议由亚太经济合作组织（简称"亚太经合组织"，Asia-Pacific Economic Cooperation，APEC）各成员经济体轮流主办，同时遵循一年由东南亚联盟成员举办，一年由非东南亚联盟成员举办的方式。

2014 年中国 APEC 峰会于 11 月在北京召开，其中包含领导人非正式会议、部长级会议、高官会等系列会议。此次峰会的主题是共建面向未来的亚太伙伴关系。其中，领导人峰会于 2014 年 11 月 10～11 日在北京怀柔雁栖湖举行，中国国家主席习近平主持峰会。

11 月 10 日晚，在 APEC 会议水立方欢迎晚宴上，北京全聚德集团承担了供应烤鸭并现场展示片鸭技艺的服务任务。章丘绿色无公害大葱作为配菜之一，也成了一大特色。据悉，此次为 APEC 供葱，章丘专门精选出 1000kg 优质大葱，经过了 200 多项农残检测，检验结果全部合格。全聚德集团的工作人员集中装车并封车运往北京，其中 100kg 大葱经过重重检测端上了 APEC 国宴，让各国政要品尝到了正宗的章丘大葱。

2014 年中国 APEC 峰会

第十四章　章丘大葱文学作品

篇一

老舍笔下的章丘大葱

老舍(1899年2月3日至1966年8月24日),北京满族正红旗人,原名舒庆春,另有笔名絜青、鸿来、非我等,字舍予。因为老舍生于阴历立春,父母为他取名"庆春",大概含有庆贺春来、前景美好之意。上学后,自己更名为舒舍予,含有"舍弃自我",亦即"忘我"的意思。中国现代小说家、作家、语言大师、人民艺术家,中华人民共和国第一位获得"人民艺术家"称号的作家。代表作有《骆驼祥子》《四世同堂》,剧本《茶馆》。

1930年夏天,老舍先生从北京来到济南,任齐鲁大学国学研究所文学主任并兼任文学院教授,同时编辑刊物和进行创作,直至1934年夏去青岛任山东大学中国文学系教授。1937年,"七七事变"后的8月,老舍又从青岛回到齐鲁大学任教,并于是年11月日军占领济南的前夕,只身赴武汉参加抗日救国工作,他的夫人及子女困留济南,至1938年夏始返老家北京。先生在济南居住工作前后达5年之久。

"上帝把夏天的艺术赐给瑞士,把春天的赐给西湖,秋和冬的全赐给了济南。"在《济南的秋天》中,老舍先生这样深情地写道。他对济南的喜爱溢于言表。从来没有一个人像老舍先生那样对济南投入那么深的感情。除对济南钟爱有加,先生对济南的章丘大葱也是不吝溢美之词,这从先生的散文《一些印象》(三)中可以读懂一二。

《一些印象》(三)

由前两段看来,好像我不大喜欢济南似的。不,不,有大不然者!有幽默的人爱"看",看了,能不发笑吗?天下可有几件事,几件东西,叫你看完而不发笑的?不信,闭上一只眼,看你自己的鼻子,你不笑才怪,先不用说别的。有的人看什么也不笑,也对呀,喜悲剧的人不替古人落泪不痛快,因为他好"觉";设身处地地那么一"觉",世界上的事儿便少有不叫泪腺要动作动作的。噢,原来如此!

济南有许多好的事儿，随便说几种吧：葱好，这是公认的吧，不是我造谣生事。听说，犹太人少有得肺病的，因为吃鱼吃的；山东人是不是因为多嚼大葱而不患肺病呢？这倒值得调查一下，好叫吃完葱的女士不必说话怪含羞地用手掩着嘴；假如调查结果真是山西、河南、广东因肺病而死的比山东多着七八十来个（一年多七八十，一万年要多若干？），而其主因确是因为口中的葱味使肺病菌倒退四十里。

　　在小曲儿里，时常用葱尖比美妇人的手指，这自然是春葱，绝不会是山东的老葱，设若美妇人的十指都和老葱一般儿粗（您晓得山东老葱的直径是多少寸），一旦妇女革命，打倒男人，一个嘴巴子还不把男人的半个脸打飞！这绝不是济南的老葱不美，不是。葱花自然没有什么美丽，葱叶也比不上蒲叶那样挺秀，竹叶那样清劲，连蒜叶也比不上，因为蒜叶至少可以假充水仙。不要花，不看叶，单看葱白儿，你便觉得葱的伟丽了。看运动家，别看他或她的脸，要先看那两条完美的腿，看葱亦然（运动家注意：这里一点污辱的意思没有，我自己的腿比蒜苗还细，焉敢攀高比诸葱哉！）。济南的葱白起码有三尺来长吧，粗呢，总比我的手腕粗着一两圈儿——有愿看我的手腕者，请纳参观费大洋二角。这还不算什么，最美是那个晶亮，含着水，细润，纯洁的白颜色。这个纯洁的白色好像只有看见过古代希腊女神的乳房者才能明白其中的奥妙，鲜，白，带着滋养生命的乳浆！这个白色叫你舍不得吃它，而拿在手中颠着，赞叹着，好像对于宇宙的伟大有所领悟。由不得把它一层层地剥开，每一层落下来，都好似油酥饼的折叠，这个油酥饼可不是"人"手烙成的。一层层的长直纹儿，一丝不乱的，比画图用的白绢还美丽。看见这些纹儿，再看看馍馍，你非多吃半斤馍馍不可。人们常说——带着讽刺的意味——山东人吃的多，是不知葱之美者也！

　　反对吃葱的人们总是说：葱虽好，可是味道有不得人心之处。其实这是一面之词，假若大家都吃葱，而且时常开个"吃葱竞赛会"，第一名赠以重二十斤金杯一个，你看还敢有人反对否！

　　记得，在新加坡的时候，街上有卖柘莲者，味臭无比，可是土人和华人久住南洋者都嗜之若命。并且听说，英国维克陶利亚女皇吃过一切果品，只是没有尝过柘莲，引为憾事。济南的葱，老实地讲，实在没有奇怪味道，而且确是甜津津的。假如你不信呢，吃一棵尝尝。葱以外，济南还有许多好东西、好事儿，等下次再说。

篇二

女郎山与葱仙女的传说

佚 名

女郎山位于章丘古城——今绣惠街道办事处的北面，又称"城北山"，是葱仙女下凡救助黎民百姓之地，据传为北京长驱南下第一高山，与故宫处同一中轴线。正是有了这些厚重的历史文化积淀，才使得章丘大葱有了更多的"灵气"。据《三齐记》记载：汉时曾做平陵侯的章亥有三女，溺死后，葬于此，故得名女郎山。古往今来，多少文人墨客来此登临，借景抒怀。著名明代戏曲家李开先被罢官后，常登此山，曾写五律《游女郎山》。清康熙三十五年(1695年)，著名清代文学家蒲松龄在五十七高龄两次游女郎山，并写下七律一首："当年曾此葬双环，骚客凭临泪色斑。远翠飘摇青郭外，小坟杂沓乱云间。秋郊罗袜迷榛梗，月夜霜风冷珮环。旧迹不知何处是，于今空说女郎山。"

那么，女郎山又怎么与葱仙女传情的呢？传说，大葱原本是天上王母娘娘后花园药圃中的一种"药花"，与牡丹、芍药、菊花、玫瑰等互为姐妹。有一次，王母办蟠桃会，众姐妹闲来时无意中拨开云雾，偷看人间。不料人间正遭受瘟疫的折磨，尸横遍野，满目荒凉，无比凄惨。瘟疫婆狂舞，传播瘟疫。众姐妹观后，不寒而栗，泪流满面。葱仙女愧疚地说："我等枉为药花，却无能为力！"众姐妹道："该怎么办呢？"葱仙女说："为什么不用自己的精灵，去普度众生呢？"众姐妹舒起广袖，分别洒向大地，而瘟疫婆毫不畏惧，众姐妹不是她的对手。葱仙女望望大家，看看人间，展开双臂，绿色的羽衣在蓝天白云间飞舞起来，顿时，天地朦胧，狂风骤雨，强烈的辛辣味呛得瘟疫婆喘不过气，睁不开眼，终于败下阵来。空中的浊气，被洗得干干净净，大地被刷得焕然一新。葱仙女累得晕倒云端，醒来后看人间一派新气象，高兴地笑了。王母得知后，大怒道："这次瘟疫是人间怠慢天庭，玉帝恼怒给的惩罚，小小葱女，竟敢枉为，这还了得。打入下界，牧放石羊！"从此，女郎山上便出现一尊绿色的仙女石像。她手持羊鞭，牧放石羊，就是被罚下天庭的葱仙女。她立在山顶，凝望人间，若有所思。此时，瘟疫婆又逞凶人间，沟沟躺死尸，户户断炊烟，人间惨景，触目惊心。葱仙女伤心不已，满目泪水。一天，石像突变一株大葱，深翠的叶，雪白的茎。叶顶上长着淡玉色的绒球花。花谢后，长出一粒粒小黑籽，染上瘟疫的人们只用鼻子嗅一下大葱溢放出的芳香，顿觉精神倍增，恢复了健康。四面八方的人们拥至女郎山下，人山人海，络绎不绝。瘟疫婆将此事又禀报了玉帝，玉帝大怒。随传旨雷公，来到人间，霹雳一声巨响，炸碎了这颗大葱。葱仙女被炸得粉身碎骨，而那黑色的种子却洒向了人间，崩散在了女郎山下。不久，便长出了片片葱秧，人们再也不怕瘟疫婆逞凶了。传说，如今大葱中的汁液就是葱仙女的泪水。

现今，章丘大葱已远销各地，并成为著名品牌，我们不能不感谢葱仙女当年的壮举！

篇三

葱　事

张　波

葱是很有文化的植物,中国人吃葱、爱葱,还学会了拿葱打比喻,在它身上沉淀的歇后语大家都耳熟能详。比方:猪鼻子插大葱——装像(象),比方:你是哪根葱——小样。葱这个时候成了一种武器,你可以想象着那几尺长的大葱,幻化成了一根齐眉棒,挥舞着向你打来,又辣又冲,一般人消受不起。

我说葱是有文化的植物,是因为它有太久的历史,一种东西有了历史自然在它身上就会依附着一些故事和传说,这就是成文化了,所以,历史和文化总是分不开的。葱被文字记录从《管子》开始:"桓公五年,北伐山戎,得冬葱与戎菽,布之天下。"战国时期的齐国,齐桓五年,大致相当于公元前 681 年,已经有两千多年的历史。在这之前葱难道就不存在?不然。桓公北伐时得到了葱,那是一种战利品,然后推广种植。可见,葱在桓公北伐前就有了,只不过葱那时候在山戎之地。也许,葱在人类存在之前就有了,那时候可能是恐龙的菜,只不过那时不叫葱,叫什么? 天知道。

但是,葱作为一种蔬菜那是在汉代。《后汉书》中有记载:有人请客时"设麦饭葱叶之食",客人拒绝食用。这就很尴尬了,请客遇到了一个挑食的,不愿意再吃麦饭就葱,因为这饭菜太过普通,经常吃,做客时再吃就不愿意了。做客总要吃点好的,什么是好的? 在那个时代当然是肉了,所谓"肉食者谋之"嘛,可见,只有吃肉才算高贵的古代,用麦饭就葱待客,已不是待客之道。

我敢说,那时用来待客之葱肯定不是章丘之葱,可能也没有蘸酱,否则客人不会拒绝食用,因为章丘之葱是当朝贡品。《章丘县志》中记载了四句诗歌:"大明嘉靖九年庆,女郎仙葱登龙庭,万岁食之赞甜脆,葱中之王御旨封。"早年的贫贱之食,经过不断地改良后,到了明嘉靖年间就成了贡品了,皇帝御封章丘大葱为"葱中之王"。

不是所有的葱都能成为贡品,章丘大葱的特别之处,嘉靖皇帝已经说了"食之甜脆"。这说明章丘之葱最适宜生吃。生吃大葱要求口感好,甜、脆、嫩,不辣。纤维细,葱就脆;含糖高,口感就甜;硫化物含量低,葱就不辣。而章丘大葱正符合这些条件。章丘大葱其特点是:不辣,清甜,脆嫩。葱白长,葱叶少,含有丰富的蛋白质、氨基酸和矿物质,含有维生素 A、维生素 C 和具有强大的杀菌能力的蒜素。

这样的大葱是非常有诱惑力的,谁都想吃,要是被嘴馋的山东姑娘遇到了,那基本上

就成了致命的诱惑了。在新疆建设兵团至今还流传着一捆山东大葱引诱一群山东姑娘，一根山东大葱娶一个山东姑娘的故事。我第一次听这个故事是在语文课堂上，那时候我还在新疆建设兵团的一个中学里读书，我的语文老师就是山东人，体形壮硕，大辫子。她给我们讲了自己的亲身经历。

当年，驻守新疆的部队有 20 万人。平均年龄在 38 岁以上的，95％的都是光棍。要屯垦戍边，扎根边疆，只有男人没有女人怎么扎根？当年新疆的汉族总人口不足 30 万，单身女性就更少了。只有一个办法，从口里（指长城以内的地方）大量招女兵，解决 20 万官兵的婚姻问题。在湖南招收的女兵有八千多人，称为"八千湘女上天山"。在山东招收的"山东大辫子"女兵有五千多人，叫"五千鲁女上天山"。

我的语文老师就在这五千鲁女中。当时新疆还没有通火车，她们乘卡车从兰州到新疆。一路上风尘仆仆，风餐露宿，沿路都是一望无际的戈壁滩，越走越荒凉。最初的壮志豪情没有了，山东女兵越走越慌乱。到了目的地，什么都没有，只是一片荒原，只有一些帐篷和地窝子。山东女兵不干了，不愿意下车。这时，不知道谁出的主意，弄了一捆山东大葱来，还有一摞煎饼。这大葱从哪儿来的不知道，反正把大葱和煎饼往汽车边一摆，奇迹出现了，山东女兵甩着大辫子纷纷向车下跳。据我的语文老师说，她们也知道来了就别想回去，既然这里有大葱，就可以过日子，所以才下得车。有大葱就可以过日子，这是山东女兵的基本判断。后来，我们的语文老师遇到了炊事班长，炊事班长举着一根白生生、脆嫩嫩葱向她求爱，说只要嫁给他，将来大葱管够。我的语文老师就这样以身相许了。我曾经问过语文老师，要是他举着玫瑰花向你求爱，你会答应吗？语文老师说我的小小脑袋瓜里整天在想什么呢？都是小资产阶级思想。

要说小资，李清照可算是古代最著名的小资了，她的词语言清丽、典雅，以婉约著称。李清照是章丘人，李清照纪念馆就在章丘百脉泉公园内。李清照不可能不吃葱，说李清照是吃葱长大的也不为过。我敢说李清照肯定有写葱的词作品，那些要写论文的大学生应该好好去查查资料，研究一下，说不定能出新的成果。有人说，大葱是劳动人民吃的，一根大葱卷一张煎饼蹲在门口，吃了再喝一碗水就是一顿饭。其实不然，葱不仅仅普通老百姓爱吃，上至皇上，下至小资，包括知识分子都爱吃。如果皇上不爱葱，怎么会御封章丘大葱为"葱中之王"。要说知识分子也爱吃葱，那就更不用说了。孔子是中国有名的知识分子，他是山东人，不知道吃了多少葱。他老人家在那个时代生活条件差，日常生活中也会吃"麦饭葱叶之食"。

现如今葱已上了大雅之堂，葱烧海参、北京烤鸭都上国宴了。即便是葱卷煎饼，在鲁菜的宴席上那也是少不了的。说到北京烤鸭，那是离不开葱的，将葱横切成一样长短的小段,竖切成粗细均匀的葱丝,蘸上甜面酱,配上全聚德烤鸭,用薄饼一卷,一口咬下,天地为之一颤,俺的娘哟……

据悉,章丘每天要给北京全聚德专供大葱 3000kg。有人说,吃了大葱口中有味,不雅!你去全聚德看看,吃完烤鸭,桌上小碟里早就准备了口香糖。

大葱有异味,咱嚼口香糖。

吃葱当然各有各的方式,不一定非要手拿一尺多长的大葱在那里啃,完全可以切成乳白、淡黄、翠绿的葱花洒在菜上,配上精致的餐具。这种精致的吃葱方式未尝不可,葱花也美,葱在人为。

葱不仅仅上了国宴,还成了国礼。据悉,1949 年斯大林过 70 岁大寿时,毛泽东主席前往苏联祝寿。毛主席给斯大林带去了两车皮的寿礼,一车皮是蜜橘,另一车皮就是山东大葱。

在古代,人们缺医少药,葱就是一种良药,鳞茎与种子可入药,具通乳、解毒作用。《本草经疏》里记载:"葱,可以发散,可以解肌,可以通上下阳气,所以外来怫郁诸症,悉皆主之。"可见,葱能顺气这是肯定的。

章丘大葱栽培历史悠久,以株高白长、脆嫩味美、营养丰富而驰名中外,素有"葱中之王"的美誉,并通过了无公害、绿色、有机农产品认证。2009 年,章丘大葱被认定为中国驰名商标,是山东省第一个地理标志产品。"葱中之王"高大笔直,最高的可达 2m,每年总产量在 10 亿千克以上。

听说章丘大葱种子曾经随"神州八号"遨游了太空,上了天的大葱种子不知道会长成什么样子。

篇四

"你算哪根葱"的由来

张国栋

单位同事老李家要嫁闺女,便向大家请教一个问题,结果难住了不少有学问的人。他的问题是"娶亲当天,男方来迎亲,带食盒,里面装着8样礼物,女方要回4样礼物,回的4样礼物是什么?"大家努力回忆、思索着,有人想起一些礼物名称,但因各地风俗不一,礼物也不同,经过归纳,其中相同的有一块肉、一束粉条(丝)、用红绳系着的两根连根大葱等。粉条(丝)寓意"常来常往,常相思念",那两根连根大葱是什么意思呢?笔者搜集资料进行查证,发现其来历不仅颇有渊源,还产生了一个"你算哪根葱"的俗语呢!

葱,在古代是我国五大名菜(葵、藿、薤、韭、葱)之一,分为大葱、香葱、分葱、胡葱、楼葱、韭葱等不同种类。大葱,古书又称"汉葱""京葱""木葱""茇""菜伯""和事草""鹿胎"等。大葱起源于我国西部及俄罗斯西伯利亚,是由野生葱在中国经驯化选育而成的。葱主要产于黄河中下游地区和秦岭淮河以北,现今主要名品有山东章丘大葱、河南焦作延陵大葱、陕西华县谷葱、辽宁盖县大葱、北京高脚白大葱、河北隆尧大葱、山东莱芜鸡腿葱、山东寿光八叶齐葱。分葱又称"四季葱""菜葱""冬葱",主要产于长江以南地区。此类葱便于烹调,辛香味浓。细香葱、胡葱主产于福建、两广地区。而楼葱、韭葱各地均有少量栽培。

中国关于葱的记载始见于《山海经》《尔雅》,此后《礼记》《论语》《神农本草经》《食疗本草》《齐民要术》《清异录》等古籍均有关于葱的食用和疗效的大量记载。《山海经》有葱的分布记录。《山海经·北山经》:"又北百一十里,曰边春之山,多葱、葵、韭、桃、李。"《尔雅·六·释器》:"……青谓之葱,黑谓之黝。"《礼记》:"凡进食之礼,葱口处末。""脍春用葱,脂用葱,为君子择葱薤。"汉代《四民月令》:"二月别小葱,六月别大葱,七月可种大小葱。夏葱曰小,冬葱曰大。"南北朝时贾思勰的《齐民要术》中,详细介绍了黄河中下游地区葱的种植方法。李时珍在《本草纲目》中记载:"葱从囪。外直中空,有囪通之象也。茇者,草中有孔也,故字从孔,茇脉象之。葱初生曰葱针,叶曰葱青,衣曰葱袍,茎曰葱白,叶中涕曰葱苒。诸物皆宜,故云菜伯、和事。"

葱在古人的饮食、生活中占有重要位置,因此在迎新娶亲中作为重要礼品馈赠。两根连根大葱,既表示喜结连理,又表示繁衍丛生,还表示祛病避邪。

由于葱在结亲中具有非同一般的意义,长期以来便逐渐演化为结亲的男女互称对方为"那根葱",表示关系非同一般的人。可是在日常生活中,常有一些人爱在已经结了亲的男女周围骚扰,不讨人喜欢,尤其是遭到女士的反感。女人为了维护自己的尊严和婚姻围城的安全,便会用软中带硬的幽默语言问那些不受欢迎的男人:"你算哪根葱!"以表示自己有丈夫和你不如我丈夫优秀,所以,"你算哪根葱"便有了藐视别人的意思。

篇五

葱的味道

《齐鲁晚报》2010 年 11 月 18 日 B02 版　王云霞

山东人爱吃葱,我也不例外,几乎到了"食不可一日无葱"的地步。煎饼卷大葱,大葱蘸大酱……香辣微甜的大葱吃进肚里,遍体通泰,五脏六腑都透着舒适。

记得第一次生吃大葱,是我六岁那年的冬天。那天,北风裹着雪花,漫天飞舞。家里吃的东西已经不多了,我和弟弟趴在窗台上,等妈妈回来。眼看着天黑透了,妈妈才急火火地走进家门,手里拎着一纸包东西。我和弟弟呼啦一下围了上去,妈妈打开纸包说:"今天晚上有咸鱼吃了,我排了半天队才买到的呢。"

我和弟弟兴奋地看着妈妈拿火钳夹着咸鱼在炉火上烤,鱼被烤得"滋滋"直响。直到鱼的两面烤得微焦发黄,妈妈才从瓦缸上的蒲筐里拿出一张煎饼,对半撕开,给我和弟弟卷上咸鱼,又给我细细地卷上一棵葱,这才递给我。饿极了的我顾不得多想,接过煎饼就咬,鱼的咸香、葱的辣香和煎饼的麦香融合在一起,吃得我荡气回肠、至今不忘。就是这一次,让我一下子喜欢上了大葱。

大葱既可生吃也可熟食。北方人炒菜,是离不开葱的。油锅烧热后,一定要先放入葱花炝锅;煮鸡炖鱼时,也要切个葱段或打个葱结放进去;凉拌就更不用说了,葱丝拌松花蛋、虾皮拌大葱、豆腐皮拌葱白……有了葱,菜才有味道。葱不仅用来作调料、辅料,也可以作主料,我爱吃的葱爆羊肉、葱烧蹄筋等,就是以大葱为主的。细爽柔滑的大葱,入口极佳。南方人对葱似乎没有北方人这么偏爱,葱也要小得多。记得小时候有一次跟爸爸到江苏探亲,姑姑家门前种着一畦小葱,高不盈踝,细如竹筷。爸爸告诉我这叫"香葱"。许多年过后,想起姑夫的"来棵小葱吃吃",我还会哑然失笑。

大葱体态丰腴,茎长叶茂,是真正意义上的"大"葱,尤以济南近郊的章丘大葱出名。历代的文人墨客也留下了许多有关葱的佳作。陆游曾作诗:"瓦盆麦饭伴邻翁,黄菌青蔬放箸空。一事尚非贫贱分,芼羹僭用大官葱。"意思是说,大葱不分贵贱,人们都喜欢吃它。著名作家老舍先生在《到了济南》一文中赞美章丘大葱的葱白,像折叠的油酥饼,似美丽的白绢。美食家梁实秋先生在《忆青岛》文中,将山东的大葱比作甘蔗:"……再就是附近潍县的大葱,粗壮如甘蔗,细嫩多汁。一日,有客从远道来,止于寒舍,惟索烙饼大葱,他非所欲。乃如命以大葱进,切成段段,如甘蔗状,堆满大大一盘。客食之尽,谓乃平生未有之满

足。"由此可见,大葱不仅山东人爱吃,就是许多外地朋友也是念念不忘。据说导演贾樟柯来济南时,曾一口气吃下了六张"煎饼卷大葱"!

葱可去腥、解膻、增香,是居家过日子不可或缺的调味品,有时炒菜发现葱不够了,到邻居家"借"一棵是常有的事。同样,邻居家的葱不够了,也会到我家来"借"。"借"去的葱是不需要归还的。香辣的大葱里,深含着邻里间的相互关爱和友情。此外,葱还是一味中药,有发表、通阳、解毒、祛风、发汗、消肿、散瘀之功效。如果再来一碗鸡蛋葱花汤,那就再舒服不过了。

北方民间有"常食一株葱,九十耳不聋。劝君莫轻慢,屋前锄土种"的谚语。盆或一些废弃的塑料盒里,装上土,将带根的葱苗栽下去,就会长出碧绿的葱叶来。炒菜做汤时,掐几个葱叶放进去,日子的味道就出来了。

葱的味道,其实就是生活的味道。

篇六

葱

宋　陆游

瓦盆麦饭伴邻翁,黄菌青蔬放箸空。

一事尚非贫贱分,芼羹僭用大官葱。

葱绝句

元　陆文圭

丹葩信不类苹蒿,雨后常抽绿玉条。

此草岂宜弃调食,瘦茎欲比沈郎腰。

大葱

佚　名

贫地生根亦是春,虚心直性见情真。

纵然历得风霜久,一样青青白白身。

大葱

佚　名

舒扬岁月绿浓茵,卷缩时光净本真。

忍冻宿风餐瑞雪,迎风破土吐阳春。

篇七

章丘大葱颂

布建忠(小布丁)

你挺立在齐鲁大地的黄河岸边，
等待一阵阵凉风的抚摸。
在炎热中沮丧的低头，
在寒风里绽放伞形的花蕾。

瘦长的腰肢，
扎根在厚厚的土壤里。
在健壮的长势中，
一天天爬到蓝天的肩膀。

味道浓厚的淳朴，
敞开你虔诚的胸怀。
容纳万物深情的拥抱，
时时传递葱花的幽香。

葱白绿叶的映衬，
彰显你爱憎分明的个性。
洁白而味甜的诱惑，
诉说齐鲁大地的神奇。

烤鸭依赖你贴心的相伴，
海参靠你炽热的烘托。
你是遗落在济南的仙草，
调和着人们健康的祈求。

越吃越壮的赞美，

让你成为百姓家中的佳品。

药用保健的验证，

让你步入上层高雅的殿堂。

味辛性平的本色，

让你在火热的油烟中，

自由快乐地起舞。

绿白相间的魅力，

勾走了无数次情人的眼睛。

你是中华悠久历史的传承，

你是山东厚重文化的见证。

你是华夏万物的精粹，

你是我们相依相靠的忠实伙伴，

你就是名扬天下的章丘大葱。

篇八

章丘大葱赋

李兆来

大东吟诵兮禹甸之龙乡,大葱生长兮泽润于绣江。

玉女钟情兮纵殒身而不悔,神农垂青兮亲采撷以品尝。

吸甘露兮育琼浆,披翠巾兮着玉妆。

和五味兮精气爽,祛疫疾兮保泰康。

昔作贡品兮进奉皇家御馐,今呈佳肴兮普惠黎庶同享。

芳名扬欢愉兮越东溟而下南洋,倩影登蟾宫兮伴丹桂卟飘馨香。

篇九

描写章丘大葱的诗句

（第一首）

佚　名

厨房必备乃食材，味道辛香扑面来。

碧叶贪青眼前亮，鳞茎潜玉土中宅。

配肴熟煮催涎溢，蘸酱生吃令胃开。

惊诧一方常佐饭，山东大汉最倾怀。

（第二首）

佚　名

葱茏笔直一垄垄，风过头摇身亦躬。

细雨裁成碧玉箭，暮烟笼出霸王城。

腹空敢傲浮云袅，味辣常招食客惊。

漫道花中名未跻，试瞧世上不乏朋。

（第三首）

佚　名

秋来渐见叶初黄，角落栖身任暖凉。

战斗精神多储蓄，磅礴气势慢舒张。

宫中权贵都嫌辣，天下黎民只喊香。

没有横眉和冷对，却如匕首与投枪。

（第四首）

佚　名

谁说葱花不算花，天生内敛不矜夸。

容颜淡雅丝丝绿，体态轻盈薄薄纱。

岂羡红黄供雅室，但求青白着低洼。

油盐酱醋皆其友，此物原来最恋家。

（第五首）

佚　名

去岁严冬蓄志田，春来破土劲竹般。

三生滴翠彪寰宇，一世清白誉人间。

嫩菜为伍扬辛辣，鲜姜相佐抑腥膻。

满腔浩气冲霄去，依旧不舍玉翠衫。

第十五章　章丘大葱荣誉

一、1932 年，荣获山东乡村建设研究院举办的第二届农展会"品优一等奖"。

二、1992 年，荣获曼谷农业博览会金奖。

三、1996 年，章丘被国家命名为"中国大葱之乡"。

四、1998 年开始，连续多年荣获全国农业博览会金奖。

五、1999 年 7 月，"章丘大葱"商标注册成功，成为中国蔬菜类第一件原产地证明商标。

六、2006 年，章丘大葱栽培技艺被济南市正式确定为首批非物质文化遗产。

七、2006 年，被评为"山东省首届名牌农产品"。

八、2007 年 8 月，被评为"山东省著名商标"。

九、2007 年 10 月，被评为"中国名牌农产品"。

十、2008 年 7 月 1 日，原中华人民共和国农业部正式批准对"章丘大葱"实施农产品地理标志登记保护。

十一、2009 年 4 月，"章丘大葱"商标被国家工商总局认定为"中国驰名商标"。

十二、2009 年，在第三届中国商标节上，"章丘大葱"商标被评为"最具竞争力的地理标志商标"和"消费者最喜爱的绿色商标"。

十三、2014 年，荣获第五届山东省省长质量奖获提名奖，成为第一批获评省长质量奖的农业项目之一。

十四、2016 年，被确定为国家大葱种植综合标准化示范区。

十五、2016 年，被评为"济南市十佳农产品"。

十六、2017 年，荣获中国百强农产品区域公用品牌。

十七、2017 年，荣获全国地理标志农产品金奖。

十八、2017 年，山东章丘大葱栽培系统被认定为农业部第四批中国重要农业文化遗产。

十九、2018 年，荣获山东省知名农产品区域公用品牌。

二十、2018 年，荣获第十九届中国绿色食品博览会暨第十二届中国国际有机食品博览会金奖。

附　录

绿色食品——章丘大葱生产技术规程

1.范围

本标准规定了绿色食品章丘大葱生产的产地环境、品种选择、播种育苗、定植、定植后管理、病虫害防治、收获、储藏、运输和包装等技术要求。

本标准适用于济南市 A 级绿色食品章丘大葱的生产。

2.规范性引用文件

下列文件对于本文件的应用是必不可少的。凡是注日期的引用文件,仅所注日期的版本适用于本文件。凡是不注日期的引用文件,其最新版本(包括所有的修改单)适用于本文件。

NY/T 391　绿色食品　产地环境质量标准

NY/T 393　绿色食品　农药使用准则

NY/T 394　绿色食品　肥料使用准则

NY/T 658　绿色食品　包装通用准则

NY/T 1056　绿色食品　储藏运输准则

3.产地环境

产地环境条件符合 NY/T 391 的要求。

4.品种选择

选用章丘地方品种大梧桐、气煞风。

5.播种育苗

5.1　播种时间

分秋播和春播,以秋播为主。秋播于 10 月 1 日至 10 月 5 日播种。春播于 2 月底至 3 月中旬,日平均气温稳定在 0℃以上播种。

5.2　用种量

每亩用种 1.25～1.5kg。

5.3 种子处理

用0.2%的高锰酸钾浸种20～30分钟,除去秕籽和杂质,将种子清洗干净并晾干表皮后待播。

5.4 整地施肥

5.4.1 苗床应选择土质疏松,排灌方便,3年内未种过葱、蒜、韭类的肥沃壤土或沙壤土。

5.4.2 播前结合整地每亩施商品有机肥100～150kg、磷酸二铵10kg、硫酸钾5kg。将上述肥料均匀撒施后耕翻25cm,耧平耙细。肥料使用应符合NY/T 394的要求。

5.4.3 做畦:畦面宽1～1.2m;畦埂宽25～30cm,高15～20cm。

5.5 播种

5.5.1 将育苗畦耧平浇透水,水渗后将种子混入5～10倍干细沙土后均匀撒播于畦内。

5.5.2 用相邻畦内的细土在种子上覆盖1cm左右。

5.6 苗期管理

5.6.1 播种后及幼苗前期管理

5.6.1.1 秋播育苗,播种后7天左右出齐苗,苗出齐后浇1次水。

5.6.1.2 11月中下旬浇1次越冬水。

5.6.1.3 春播苗播种后覆盖地膜,保温保湿,幼苗出土后及时撤膜。

5.6.2 幼苗后期管理

5.6.2.1 秋播苗在翌年土壤解冻后浇1次返青水,并结合浇水每亩追施硫酸钾复合肥(15－15－15)5kg,浇后划锄,拔除杂草。

5.6.2.2 葱苗生长期间苗2次,第一次间至苗距2～3cm,第二次间至苗距5～6cm。每次间苗结合锄草。

5.6.2.3 4～5月葱苗进入旺盛生长期,根据墒情10～15天浇水1次,并结合浇水每亩追施1次复合肥(15－15－15)5kg。

5.6.2.4 春播苗播后随着天气变暖,应加强水肥管理,保持土壤湿润,结合浇水,每亩追施1次硫酸钾复合肥(15－15－15)5～10kg,并及时间苗和除草。

6.定植

6.1 土壤要求

选择旱能浇,涝能排,地势高燥,3年内未种过葱、蒜、韭类,耕作层深厚的肥沃地块。

6.2 整地施肥

6.2.1 按80～90cm行距开沟,沟深在原地平面以下30cm左右,宽30～35cm。

6.2.2　沟开好后,每亩施用商品有机肥料 50～100kg,硫酸钾复合肥(15－15－15) 20kg 作底肥。

6.2.3　将肥料集中撒施于沟底,刨翻沟底深 15～25cm,使肥料与土掺匀后再冲施沼肥 1000kg。

6.3　定植时间

在 5 月下旬至 7 月上旬。

6.4　定植密度

每亩栽植 18000～22000 株。

6.5　定植方法

6.5.1　定植前挖出葱苗,挑出病苗、虫苗、弱苗、伤苗、杂苗及抽薹苗。根据葱苗分级分别定植。根据苗大小分三级(1 级:株高 45cm 以上,茎粗 1cm 以上;2 级:株高 30～45cm,茎粗 0.8～1cm;3 级:株高 30cm 以下,茎粗 0.8cm 以下)。

6.5.2　定植时先向定植沟浇水,水渗后将葱苗用葱叉沿沟一侧插入定植沟内,株距 4～5cm,插葱深度 5～7cm。

7.定植后管理

7.1　中耕除草

定植后,要注意防涝,及时进行中耕保墒,清除杂草。

7.2　肥水管理

7.2.1　浇水

7.2.1.1　8 月上旬在加强排水防雨涝的同时,要保持土壤湿润,天旱时及时浇水。

7.2.1.2　8 月下旬至 10 月底要加大浇水量和增加浇水次数,根据墒情 7～10 天浇水 1 次,收获前 15 天停止浇水。

7.2.2　追肥

7.2.2.1　追肥要结合浇水进行,第一次可于 8 月上旬进行,每亩追施硫酸钾复合肥 (18－9－18)10kg,冲施沼肥 1000kg。

7.2.2.2　9 月上旬进行第二次追肥,每亩追施硫酸钾复合肥(15－15－15)15kg。

7.2.2.3　9 月中下旬进行第三次追肥,每亩每次追施硫酸钾复合肥(18－9－18) 10kg,冲施沼肥 1000～2000kg,收获前 30 天停止追肥。肥料使用按照 NY/T 394 规定执行。

7.3　培土

随着大葱的生长,大葱叶鞘加长,应进行 3～4 次培土。第一次培土即平沟,在 8 月下

旬进行,第二次培土在9月上旬进行,第三次培土在9月下旬进行,每次培土的高度均以不埋心叶为宜。

8.病虫害防治

8.1 防治原则

坚持"预防为主,综合防治",优先采用农业措施、物理防治及生物防治,科学合理地使用农药。农药使用符合NY/T 393的要求。

8.2 农业措施

加强栽培管理,清洁田园,冬季深翻、深耕等。

8.3 物理防治

8.3.1 田间安装涂有黏着剂的黄板诱杀蚜虫和潜叶蝇等,每亩各安装20块(25cm×20cm),安装位置在植株上方20cm处。

8.3.2 田间安装涂有黏着剂的蓝板诱杀蓟马等害虫,每亩各安装20块(25cm×20cm),安装位置在植株上方20cm处。

8.3.3 每2~3hm²安装1台频振式杀虫灯,4月上旬开灯,诱杀趋光性害虫。

8.4 生物防治

8.4.1 安装甜菜夜蛾性诱剂,每2×667m²安装1个。

8.4.2 每667m²冲施2%的苦参碱2~4kg,防治防治葱蝇、蛴螬等虫害。

8.5 药剂防治

8.5.1 病害的防治

8.5.1.1 霜霉病

用72%霜脲·锰锌可湿性粉剂800倍液喷雾防治1次,每亩用药100g。

8.5.1.2 紫斑病

发病初期用58%甲霜灵·锰锌可湿性粉剂500倍液喷雾防治1次,每亩施药80g。

8.5.2 虫害的防治

8.5.2.1 葱蝇

对葱蝇的防治应地上和地下防治相结合。在成虫发生初期,使用5%高效氯氰菊酯乳油1500倍液喷施土表及地上部,每亩施药30mL。对幼虫的防治可每亩撒施1%联苯·噻虫胺颗粒剂3~5kg。

8.5.2.2 葱蓟马

在初期若虫聚集为害期用70%吡虫啉水分散粒剂喷雾防治,每亩施药1~2g,全年防治1次。

9.收获

9.1　收获时间

在 11 月上旬至土壤封冻前收获。

9.2　收获方法

人工收获,防止机械损伤,收获后及时晾晒。

10.储藏、运输和包装

10.1　储藏、运输

储藏、运输条件应符合《绿色食品储藏运输准则》(NY/T 1056)。

10.2　包装

包装应按照《绿色食品包装通用准则》(NY/T658)要求包装。

章丘大葱栽培范例

范例一　葱种、花椰菜、甜瓜三种四收栽培技术

章丘大葱驰名中外,近年来全国各地纷纷引种,栽培面积逐年扩大。作为正宗章丘大葱良种主产地的章丘区,每年制种面积均在 1333hm² 以上。为进一步提高土地利用率,增加单位面积经济效益,有效缓解大葱制种周期长、风险大等问题,在保证繁种任务的前提下,章丘区大力推广立体种植技术,收效较好。其中,葱种、花椰菜(菜花)、甜瓜三种四收是较好的栽培模式之一。在此种模式下,每亩平均葱种收入1200 元、花椰菜收入1250 元、甜瓜收入 800 元、大葱收入 840 元,4 项合计 4090 元,比单纯制种收入增加 43.5%。

1.种植模式与茬口安排

葱种按大小行种植,大行距 125cm,小行距 20cm。每年 7 月 10 日前播种,每亩播 28000 株。随种株生长逐渐培土成畦背,以便浇灌。8 月上旬在大行内移栽两行花椰菜,株距 50cm,每亩栽 2500 株。立冬前后严防冻害。要注意天气预报,掌握天气变化,于霜冻到来之前将花椰菜连根整株假植在事先挖好的假植坑内。花椰菜顶部离地面 15cm,上面覆盖玉米秸等,夜间及寒冷天气再加盖塑料薄膜,以提温促熟,新年前后上市。翌年 3 月上旬采用双膜小拱棚育甜瓜苗。因为甜瓜伤根后缓苗慢,有条件的地方最好采用纸袋、塑料育苗袋或营养钵育苗。苗床宽 1.5～2.0m,长度可随机而定。播种后先覆盖地膜,然后用枝条、细竹竿等在薄膜上面搭建小拱棚,棚高 1m,拱棚东西向,棚北面建风障。要注意通风炼苗。4 月中旬移栽,6 月上旬即可收获。6 月上旬葱种收获后,加强管理,促母株潜

伏芽生长,于大葱供应淡季收获再生葱,此时价格偏高,收益较好。

2.选择优良品种

大葱选用高产、优质的传统章丘大葱品种大梧桐。花椰菜选用日本雪山等中熟品种。甜瓜选用抗病丰产、宜早春育苗的中熟品种白沙蜜。

3.整地施肥

一般麦收后及时灭茬,每亩施腐熟有机肥5000kg、碳酸氢铵40kg、过磷酸钙50kg、硫酸钾15kg,随即耕深20～30cm,并及时耙耱,精细整平备播。

4.田间管理

4.1 大葱制种管理要点。冬前主要促苗转壮,安全越冬。翌年春天结合浇返青水每亩冲施碳酸氢铵10kg,以促进个体发育。同时严格去杂去劣,确保种子纯度。5月上旬大葱进入盛花期,要注意人工辅助授粉,以提高产量。6月上旬葱种开始收获。收获标准:葱球上部先熟部分蒴果开裂,可见黑色葱种并行将脱落。为保证丰产丰收,须分期分批采收,采种完毕将花薹去除,结合培土每亩浇水冲施碳酸氢铵20kg,以促再生葱生长。

4.2 花椰菜管理要点。育苗期很难完全避开雨季,因而应注意覆盖遮阴,以防高温、暴雨对幼苗生长造成伤害。在保证氮、磷、钾营养的前提下,应根外喷施0.2％～0.5％的硼肥,搞好中耕锄草并进行蹲苗,以促进根系生长和花球发育。

4.3 甜瓜管理要点。为保证甜瓜果实初期发育良好,需每亩施用优质有机肥3000kg及饼肥100kg,同时必须施用磷、钾肥,以增进果实品质和促进果实成熟。

5.病虫害防治

大葱根系分泌物含有植物杀菌素,具驱虫灭菌的作用,因此,与菜花、甜瓜实行立体种植有利于抑制病虫繁殖,控制病虫为害,实现作物高产优质。大葱病虫防治前期主要以防潜叶蝇、葱蓟马、葱蛆等3种虫害为主。潜叶蝇、葱蛆可用40％甲基异柳磷500倍液灌根防治。后期主要防治紫斑病、霜霉病、灰霉病。可于发病初期用葱菌净600倍液喷雾防治,7～10天喷1次,连喷3～4次。喷药应注意避开大葱授粉期。

范例二 章丘大葱亩产超万斤的高产优质栽培技术

1.培育壮苗

大葱育苗有秋苗、春苗之分,但以秋苗为主。章丘地区一般9月下旬播种,每亩用种1.5～2kg。播前造墒,施足基肥。基肥以优质有机肥为主,并每亩施过磷酸钙40kg、硫酸钾10kg。冬前控制肥水,防止徒长。幼苗以2～3片真叶越冬为宜,春季及时浇返青水,结合浇水每亩冲施碳铵20kg。

2.分级移栽

每年 6 月中旬开始移栽。起苗后,首先去除病苗、弱苗、残苗及杂株,然后按大小把葱苗分级。一级苗株高 60cm 以上,株重 60g 以上。二级苗株高 50cm 左右,株重 40g 左右。三级苗株高 40cm 左右,株重 20g 左右。其余为等外品。高产田应选用一、二级苗及少许三级苗,淘汰等外苗。

3.合理密植

一般行距为 70～80cm 左右,株距为 5～6cm,每亩定植 15000～18000 株。这样既有利于葱田通风透光,又便于田间管理,还可安排秋后套种小麦。

4.培土软化

实践表明,大葱培土越高,葱白越长,组织充实,单株产量高。此外,高培土还有软化葱白、改善品质,便于排灌,以及防止倒伏等三大优点。在结合中耕锄草、浇水、追肥、把葱沟填平后,一般要于处暑、白露、秋分、寒露前后培土 4 次,套种小麦的地块可不培第四次土。每次培土以不埋住心叶为准。

5.增施钾肥

大葱为喜钾作物。试验表明,大葱单株重与施钾肥量呈极显著正相关($\alpha=0.9$)。施用钾肥,还可改善大葱品质,提高大葱的抗病能力。因此,提出了"重钾、平磷、巧施氮"的施肥方法,改变了过去大葱产区只重氮肥而忽视磷、钾肥的错误倾向,效果明显。施用钾肥的最佳时期为处暑前后,结合培第一次土进行,每亩施硫酸钾 25kg,忌施氯化钾。

6.病虫防治

大葱病害主要有紫斑病、霜霉病等。紫斑病可于发病初期用铜氨合剂 300～350 倍液喷雾防治。防治霜霉病可用 50% 退菌特 500～600 倍液喷雾。两种药液均每隔 7～8 天喷 1 次,连喷 3～4 次。大葱虫害主要有葱蓟马、潜叶蝇,可用 25% 甲霜灵可湿性粉剂 800 倍液喷雾防治。葱蛆可结合浇水冲施 40% 甲基异柳磷灌根防治。

7.适时收获

大葱以收获营养体为主,没有明显的收获期,但收获过早,葱白因未膨大灌浆而减产,且易腐烂,收获过迟会因失水而造成减产,并易感染病害。章丘地区收葱一般在立冬至小雪,有"立冬不刨葱,越长越空空"之说。

范例三　章丘大葱无公害栽培技术

章丘大葱栽培历史悠久,以其株高白长产量高,质脆味甘品质好,耐旱耐寒适应性强而享誉中外,素有"葱中之王"之称。据 1995 年数据统计,全国长白型大葱种植面积中 1/3 以上是种植的章丘大葱,面积已愈 67000hm^2。为适应现代生活需要,进一步丰富城乡居

民的菜篮子,保障人民群众身体健康,需加大力度发展无公害章丘大葱生产。

1.产地环境条件

1.1 大气、水质条件。无公害大葱生产基地应远离主要交通干线,葱地周围3km没有污染源。大气质量符合无公害农产品基地大气质量标准,灌溉用水清洁、无污染,符合无公害农产品基地灌溉水质标准。

1.2 土壤条件。地势平坦,灌排方便,土层深厚,20cm土层内有机质在12g/kg以上,全氮在0.08%以上,全磷在0.07%以上,碱解氮在60mg/kg以上,土壤pH为7.5～8.2,呈微碱性。土壤符合无公害农产品基地土壤质量标准。

2.无公害章丘大葱生产育苗技术

2.1 苗畦整理。育苗畦要选择土壤肥沃,耕作层深厚的黏质壤土地块,每公顷施用腐熟有机肥75000kg左右、过磷酸钙600～750kg,浅耕25cm,耕平挑畦,畦宽1m,畦长视地块情况而定。为防地下害虫,结合浇水畦内冲施50%辛硫磷。

2.2 适时播种。章丘大葱育苗有秋苗、春苗之分,但以秋苗为好。秋苗在秋分后播种,9月底播完。春苗3月上旬播种,也可于2月中下旬进行地膜覆盖播种。

2.3 种子处理。选用当年产新种(发芽势5天之内达50%左右,发芽率10天内达70%以上),播种22.5～30kg/hm²。播前用35℃温水浸种以杀死病菌,同时漂去秕粒及杂质,晾干即可播种。

2.4 播种方法。将种子用5～10倍的过筛细炉灰或细干土混匀撒播,播后盖1cm覆土。播后2～3天轻耧畦面,松土保墒,确保全苗。

2.5 苗田冬前管理。冬前促控结合,培育壮苗。要求冬前株高8～10cm,具有2～3片真叶。冬前视墒情浇水,若天气干旱,可轻浇1～2次水。大雪前后浇冻水,待畦面封冻后,盖细碎牲畜粪或圈肥1cm厚,以确保葱苗安全越冬。

2.6 苗田春季管理。春季苗田主要以促为主,促苗快速生长发育。主要抓好早春顶凌划锄,提温保墒。葱苗返青期结合浇返青水冲施速效氮肥(施碳铵300kg/hm²)。5月是葱苗生长盛期,应注意多浇水,每5～7天浇1次,并注意追肥,追肥仍以氮肥为主。进入6月停止浇水,进行蹲苗。

3.无公害章丘大葱生产大田栽培技术

3.1 选地施肥。俗话说"葱、韭、蒜,不见面",因此应选择3年以上没种过葱、韭、蒜的地块,进行深耕松土,并施底肥。底肥以腐熟有机肥为主,每公顷施75000kg,同时施过磷酸钙750kg、硫酸钾300kg。

3.2 开沟备栽。大葱开沟不宜过窄,一般行距70～80cm,过窄不利于培土,以南北向为好,沟深和中线宽度为30～50cm。为防地下害虫,可于沟底施50%辛硫磷800倍液,然后深刨20cm,使肥、药、土混匀。

3.3　分级移栽。每年 6 月中旬开始移栽,起苗后首先去除病、弱、残苗及杂株。然后按大小分级。一级苗株高 60cm 以上,株重 60g 以上,二级苗株高 50cm 左右,株重 40g 左右,三级苗 40cm 左右,株重 20g 左右,其余为等外苗。无公害栽培应选用一、二级壮苗及少部分三级苗,淘汰等外苗。

3.4　合理密植。一般行距为 70～80cm,株距为 5～6cm,每公顷栽 225000～330000 株。

3.5　缓苗越夏期管理。从小暑到立秋这段时间天气炎热,日均气温在 27℃以上,葱苗生长缓慢,根小苗弱,管理上应宁旱勿涝,移栽后 10～15 天内不要浇水,要晒葱眼蹲苗。管理措施主要是:中耕松土,防止草荒;雨后排水,改善土壤通气状况。

3.6　盛长期管理。从立秋到秋分是大葱的旺盛生长期,是葱白形成和决定产量高低的主要阶段,是管理的关键时期,生产上应抓好以肥水管理为主的综合管理措施。即在划锄培土前提下,用好肥水。肥水可分 3 次进行。第一次,立秋过后每公顷施腐熟有机肥 45000kg。第二次,处暑前后每公顷施速效氮肥 600kg,并结合培土一次性增施硫酸钾 375kg。试验证明,大葱单株重量与施钾肥呈极显著正相关。同时,钾还能有效提高大葱的抗病抗逆能力。因此,"增钾、平磷、巧施氮"的施肥方案效果明显。第三次,秋分前后是大葱的需肥临界期,施碳铵 600kg/hm^2 左右。

3.7　后期管理。秋分到立冬,是大葱的后期生长阶段,是葱白充实增重期,干物质积累明显,十月份大葱生长量占总生长量的 40％以上。此期对水分要求十分敏感。因此管理上以水为主,要勤浇水,浇大水,使地面不见干,一般 5～7 天浇 1 次水。霜降后,减少浇水。立冬前 10 天停止浇水。

4. 无公害章丘大葱生产病虫害防治技术

大葱病害主要是紫斑病和霜霉病,可用葱菌净 600 倍液进行喷雾防治,5～7 天喷 1 次,连喷 2～3 次。虫害主要有潜叶蝇、葱蓟马、甜菜叶蛾及地下害虫葱蛆。防治潜叶蝇、葱蓟马可用阿巴丁 2000 倍液喷雾防治。防治甜菜叶蛾可用 25％功夫乳油 5000 倍液喷雾防治。防治葱蛆可用 50％辛硫磷结合浇水冲施防治。

5. 无公害章丘大葱生产产后环节控制

5.1　适时收获。大葱以收获营养体为主,无明显的收获期,但收获过早会因葱白未膨大而减产,收获过晚易受冻害。大葱的收获适期应在立冬前后。

5.2　安全储藏。大葱收获后,在田间晾晒 1～2 天,去掉病、残株及葱白上的泥土,每 10kg 一捆捆好。选择地势高、干燥、阴凉的地方,每 3～5 捆为一行,按南北行向顺序竖放,行间距 1m 左右。旬平均气温下降到 0℃以下或雨雪天时应及时用草苫遮盖,以免受冻害或因雨水渗漏造成腐烂。适宜储存温度为 1～3℃。若温度过高,将造成生热霉烂,要抓紧解捆摊晒。

范例四　硫酸钾镁肥在章丘大葱上的肥效试验研究

大葱是重要的蔬菜之一,章丘大葱更是有名,北方人特别喜爱生食,营养价值较高。关于增施钾肥增产的报道已经非常多。为了探讨硫酸钾镁肥的肥效,并进行推广,我们在山东省章丘(现已改为章丘区)市进行了大葱栽培施肥试验。

1. 材料与方法

1.1　供试肥料

1.1.1　尿素(N46)、美国嘉吉磷酸二铵(18—46—0)。

1.1.2　青海中信国安科技发展有限公司生产的硫酸钾镁肥(K_2O 23、Mg 8、S 14)。

1.1.3　从美国进口的硫酸钾镁肥(K_2O 22、Mg 11、S 22)。

1.1.4　进口的硫酸钾(K_2O 50)。

1.2　供试作物与品种

选用当地惯用的章丘大葱大梧桐品种。

1.3　试验地土壤状况

试验于2005年6月安排在山东省章丘市绣惠镇王金村(试验点1)、时家村(试验点2)进行。前茬作物均为小麦,每公顷产量分别为7500kg、7296kg。土壤为褐土,质地为中壤,肥力水平较高,地力均匀,水浇条件良好。小麦收获后取0～25cm耕层土壤进行化验,结果如表1所示。

表1　示范试验地块土壤养分基本情况测定统计表

试验点	有机质(g/kg)	全氮(g/kg)	碱解氮(mg/kg)	速效磷(mg/kg)	速效钾(mg/kg)	交换镁(mg/kg)	交换硫(mg/kg)	pH
1	13.5	0.087	96.1	41.2	102.3	60.7	21.8	6.8
2	13.3	0.085	93.5	39.7	98.6	61.1	22.1	6.8

1.4　试验方法

试验设施肥4个处理,除尿素1/3基施、2/3于8月初追施,其他肥料全部基施。随机区组排列,3次重复,小区面积为30m²。6月25日移栽,11月5日收获。其他管理措施同一般丰产大田。

1.4.1　CK,施尿素450kg/hm²,磷酸二铵150kg/hm²。

1.4.2　CK加中信国安硫酸钾镁肥600kg。

1.4.3　CK加进口硫酸钾镁肥600kg。

1.4.4　CK加进口硫酸钾264kg。

2.结果与分析

2.1 不同处理对大葱产量的影响

各处理平均产量如表2所示。不同施肥处理组合与处理1（只施氮、磷）相比,均有显著增产作用。处理2、3、4比对照增产:试验点1分别为13.5%、14.0%、13.0%,试验点2分别为11.5%、12.3%、11.2%。经方差分析,处理间差异达极显著水平。经多重比较,两试验点处理2、3、4相比均达不到1%的显著水平,说明国产硫酸钾镁肥好于进口硫酸钾镁肥,肥效相似,具有同样的增产作用,而且国产的成本明显低于进口的。

表2　不同处理对大葱产量的影响

试验	处理	小区产量(kg)			平均	产量(kg)	亩增产(kg)	增产(%)	差异显著性	
		1	2	3					0.05	0.01
1	1	196.4	197.2	196.5	196.7	4371.3			c	B
	2	223.3	222.8	223.9	223.3	4962.5	591.2	13.5	ab	A
	3	224.1	224.9	223.5	224.2	4982.5	611.2	14.0	a	A
	4	221.5	223.3	222.1	222.3	4940.2	568.9	13.0	b	A
2	1	202.1	199.2	201.4	200.9	4464.7			b	B
	2	222.7	225.1	224.3	224.0	4978.0	513.3	11.5	a	A
	3	226.6	224.9	225.6	225.6	5013.6	548.9	12.3	a	A
	4	223.4	222.9	224.2	223.5	4966.9	502.2	11.2	a	A

2.2 不同处理对大葱生育性状的影响

施用硫酸钾镁肥明显改善了大葱的外观品质,不同处理每户随机抽取20棵,计40棵大葱,平均单株外观品质结果如表3所示。与对照处理1相比,处理2、3、4大葱的株高分别增加5.2cm、7.9cm、2.4cm;白长分别增加9.3cm、11.0cm、7.8cm;茎粗分别增加1.1cm、1.3cm、0.7cm;单株根数分别增加9.5条、10.2条、6.7条;单株重分别增加28.2g、34.3g、20.8g。

表3　不同处理对大葱生育性状的影响

处理	株高(cm)	白长(cm)	茎粗(cm)	根数条	单株重(g)
1	134.9	55.4	2.8	63.1	220.9
2	140.1	64.7	3.9	72.6	249.1
3	142.8	66.4	4.1	73.3	255.2
4	137.3	63.2	3.5	69.8	241.7

2.3 不同处理对大葱抗病抗逆能力的影响

对试验田大葱调查表明,处理比对照不仅可以促进大葱健壮生长,重要的是大葱抗

病、抗虫和抵御自然灾害侵袭的能力显著增强。处理2、3、4病叶率、倒伏率均较对照为轻;同时,甜菜夜蛾、蓟马、潜叶蝇、葱蛆等的为害明显降低(见表4)。

表4 不同处理大葱抗病抗逆能力调查表

处理	病株率		地上虫害率		地下虫害率		倒伏率	
	%	较1±	%	较1±	%	较1±	%	较1±
1	24.3		20.4		23.1		5.7	
2	13.2	−11.1	12.5	−7.9	14.5	−8.6	3.2	−2.5
3	12.9	−11.4	12.1	−8.3	13.8	−9.3	3.1	−2.6
4	13.6	−10.7	13.2	−7.2	15.1	−8.0	3.5	−2.2

3. 小结

试验结果表明,国产酸钾镁肥在章丘大葱栽培中具有明显的增产效益。

3.1 在山东章丘地区,硫酸钾镁肥具有培肥土壤的作用,大葱施用硫酸钾镁肥后增产幅度达11.2%～14%,同时能改善大葱的抗病虫害能力。

3.2 施用国产硫酸钾镁肥,在增加大葱的产量的同时,还提高了大葱的品质,如葱白加长加粗,单株重提高,而且适口性更好。

3.3 国产硫酸钾镁肥与进口硫酸钾镁肥相比,肥效没有明显差别,而且成本价格更低,可以为更多的农户所接受。

范例五 麦葱一体化栽培技术

1. 选好配套品种

小麦选择中早熟、优质、高产、抗逆性强的品种,如济麦20、济麦21、济麦22、农大93等品种,大葱选用章丘大梧桐。

2. 掌握适宜的播期与密度

在麦葱一体化栽培中,葱地套种小麦过早或过晚都会影响大葱和小麦的产量。在章丘大葱主产区:小麦的播种适期为10月1～7日,亩播量为12.5kg,保证基本苗为250000～300000。大葱需育苗,而章丘大葱主产区一般为秋苗。秋苗在9月下旬至10月上旬播种,每亩播量为1.5～2kg。一般667m² 苗田可供3335～5336m² 大田。大葱移栽以6月中旬至7月上旬为宜,保证亩栽葱18000～20000棵。在葱麦一体化栽培中,大葱尽量早播,小麦适当延播。

3. 种植规格配套

为保证小麦和大葱有足够的营养面积,大葱行距以90cm为宜,小麦套种在大葱培土后形成的行间沟内,行间一般用沟播或机播 2 行小麦,小麦行距 18～20cm,行幅宽 10～15cm。

4.田间管理

(1)大葱育苗床管理。要选择灌溉方便、肥沃的沙质壤土,且前茬不是葱、韭、蒜的地块,土壤 pH 以 5.9～7.4 为好。苗床为平畦,宽 1.3～1.7m,长 4～5m。要精细整地,施足底肥,一般每亩施优质农家肥 4000～5000kg、过磷酸钙 50kg,可采用落水播种法或趁墒播种法,但应严格控制播量。

冬前管理:幼苗出土时要求育苗地保持湿润,这样有利于小苗"伸腰"。从幼苗出土到苗高 5cm,需要浇水 2 次,土地封冻前结合追肥,还要浇 1 次越冬水。为确保小苗安全越冬,在畦面封冻后,一般要覆盖马粪或农家肥进行保温。如没有覆盖条件,冬季一定就要经常到田间查看,发现地表出现龟裂,立即用竹耙将苗畦表面细土灌入裂缝中,以防因失墒造成冬季死苗。翌年春季化冻后,用竹耙在畦面平搂,以提温保墒,当返青小苗长到 2 叶 1 心时浇返青水。

春季管理:在幼苗生长旺盛期,当小苗长到 3 叶 1 心时,根系吸收功能、叶片光合作用功能都逐渐强化,植株迅速伸展长大,开始进入生长旺期。早春温度提升快,各种杂草迅速滋生,虽然播种时利用化学除草剂喷施土壤在很大程度上控制住了杂草,但仍会有一部分杂草滋生,此时需要进行人工拔草。在拔草的同时进行间苗,苗间距控制在 3～4cm。间苗后肥水齐攻,使小苗迅速生长,待长到 4 叶 1 心时,停止水肥供应,进行蹲苗(也称"炼苗"),促进根系伸展,增加秧苗纤维组织,控制生长,提高抗风、抗倒伏能力。如果一味要求秧苗迅速生长,大水大肥,秧苗徒长,植株过于柔嫩,遇风易产生较大面积倒伏。因此,秧苗肥水管理必须视苗情和移植时间来采取管理措施。经过蹲苗的葱苗在定植前 1 周进行施肥浇水,以利于定植后的返青和生长,此期施肥为"送嫁肥"。

(2)麦茬大葱管理。要抓住小麦收获后至大葱移栽前的空闲时间进行深耕深翻,一次性施足底肥,保证麦葱一肥两用。一般每亩施农家肥 4000～5000kg、过磷酸钙 50kg、磷酸二铵 10～15kg。大葱常采用先开沟移栽后浇水的方法,沟距 90cm,沟深 25～30cm。栽前大葱秧苗要按大小粗细、强弱分类整理移栽。葱苗码在移栽沟的一侧,使葱苗面向阳面,随码随埋土,踏实,然后沟内灌水。缓苗期内以浅锄与拔除田间杂草为主,同时注意排水防涝。8 月中旬进入葱白旺盛生长时期,着重抓追肥、浇水和培土。每亩施硫酸铵 40kg 左右,并随之浇水,要经常保持土壤湿润。秋分前后进行第二次追肥,每亩施追尿素 15kg 左右,追后浇水。共进行 3 次培土,高度以不超过葱心为宜。

(3)小麦播种实施。小麦套播前,先在大葱行间沟内,每亩撒施过磷酸钙 50kg、磷酸二铵或硫酸铵 15kg,使土肥均匀混合。墒情不足可先浇 1 次水,再播种小麦,小麦出苗后可根据大葱需要进行浇水。立冬起葱后,及时清理残叶残根,给小麦培土雍根,并及时补浇 1 次水,踏实土壤。冬后的麦田管理与大田相同。

附 表

附表 1　　章丘大葱主要病虫害一览表

病虫害名称	病原或害虫类别	传播途径	有利发生条件
霜霉病	真菌：葱霜霉菌	在寄主、土壤或种子上越冬，借风、雨、昆虫传播	地势低洼、排水不良、重茬，阴凉多雨或多日阴天大雾
紫斑病	真菌：葱链格孢菌	病残体、雨水、气流	温暖多湿，气温 25～27℃
黑斑病	真菌：匍柄霉	病残体、气流	长势弱、冻害、管理不善
灰霉病	真菌：葱鳞葡萄孢	雨水、气流、灌溉水	较低的温度、较高的湿度
疫病	真菌：烟草疫霉	病残体、风雨	阴雨连绵、种植密度大、地势低洼、田间积水
白腐病	真菌：白腐小核菌	土壤、病残体	气温 15～20℃，长期连作、排水不良、土壤肥力不足
小菌核病	真菌：核盘菌	病残体、气流	气温 14℃、高湿
软腐病	细菌：胡萝卜软腐欧氏杆菌胡萝卜软腐致病型	土壤、病残体、肥料、雨水、灌溉水、昆虫	低洼连作、植株徒长
黄矮病	病毒：洋葱矮化病毒	蚜虫、汁液摩擦	高温干旱、蚜虫量大
葱地种蝇	双翅目花蝇科	成虫短距离迁飞	
葱斑潜蝇	双翅目潜蝇科	成虫飞翔、随寄主远距离传播	
葱蓟马	缨翅目蓟马	成虫飞翔	气温 25℃、相对湿度 60% 以下
甜菜夜蛾	鳞翅目夜蛾科	成虫迁飞	高温干燥

附表 2

无公害大葱的卫生指标

序号	有害物质名称	指标（mg/kg）
1	乐果	≤1.0
2	辛硫磷	≤0.05
3	抗蚜威	≤1.0
4	氰戊菊酯	≤0.2
5	溴氰菊酯	≤0.2
6	百菌清	≤1.0
7	多菌灵	≤0.5
8	砷（以 As 计）	≤0.5
9	氟（以 F 计）	≤0.5

注 1：出口产品按进口国的要求检测。

注 2：根据《中华人民共和国农药管理条例》，剧毒和高毒农药不得在大葱生产中使用，不得检出。

注 3：大葱生产者在其大葱被检测时，应向有关的检测部门自报农药使用种类。拒报、瞒报、谎报，其产品被视为不合格产品。

主要参考文献

［1］山东农业大学.蔬菜栽培学各论·北方本.北京:农业出版社,1987.

［2］万连步、杨力、张民.作物营养与施肥丛书·蔬菜卷(大葱、圆葱),济南:山东科学技术出版社,2004.

［3］苗锦山、沈火林.葱高效栽培.北京:机械工业出版社,2015.

［4］董飞、陈运起等.大葱需肥规律的研究.山东农业科学,2012(11):66～70.

［5］王存龙、王增辉、郑伟军等.章丘市富硒土壤环境对大葱品质的影响.安徽农业科学,2011(39):27.

［6］胡军、封俊、曾爱军等.大葱移栽机的现状与发展前景.农机化研究,2002(1):39～41.

［7］刘丹丹、高洪伟、王方艳等.章丘大葱种植农艺及机械化生产技术.农业工程,2017(1):15～18.

［8］张逸、王允、刘灿玉等.钙水平对大葱生长及氮代谢的影响.植物营养与肥料学报,2016,5(22):1366～1373.

［9］杨力、刘光栋、宋国函等.山东省土壤交换性镁含量及分布.山东农业科学,1998(3):17～21.

［10］赵西强、张贵丽.章丘地区土壤硒的含量及影响因素.山东国土资源,2015,3(31):47～51.

［11］崔连伟、纪淑娟.中国大葱育种研究概况.吉林蔬菜,2004(7):37～38.

［12］佟成富、唐成英、崔连发等.大葱杂交种(F1)的制种技术.蔬菜,2002(10):18～20.

［13］陈运起.大葱周年栽培理论与实践(内部资料).2006.

［14］张绍迎、李涛、吴兵.章丘耕地.济南:山东大学出版社,2007.

［15］张绍迎、李涛、吴兵.章丘测土配方施肥理论与实践.济南:山东大学出版社,2012.

［16］张绍迎.葱种 花椰菜 甜瓜三种四收栽培技术.中国蔬菜,1999(3):43～44.

［17］张绍迎.章丘大葱亩产超万斤的高产优质栽培技术.北京农业,1995(6):35.

［18］张绍迎.无公害章丘大葱生产技术.农业环境与发展,2000(17)增刊:62～63.

［19］高俊杨、弭云路、张绍迎等.青海中信国安硫酸钾镁肥在章丘大葱上的肥效试验研究.青海农林科技,2008(1):11～12.

［20］刘天东、任军、牛家山.山东农产品产业调查报告——以章丘大葱为例.调研世界,2014(8):35～38.

［21］王志刚、苏毅清、孙云曼等."章丘大葱"农产品地理标志的现状特点、存在问题及对策展望.中国食物与营养,2013,19(8):20～23.

［22］杜品一、徐宗尧、朴真三等.大葱(Allium fistulosum L.)染色体 Giemsa C－带型的研究.东北师大学报(自然科学版),1984(2):71～76.

［23］章丘市统计局.章丘统计年鉴(内部资料).2008～2018.

［24］姜斌、王新东、唐露雨.章丘大葱生态栽培管理.特种经济动植物,2010(2):39～41.

［25］李现刚、胡延萍、任庆菊等.绿色食品——章丘大葱生产技术规程.济南市农业地方标准规范,DB3701.

图书在版编目(CIP)数据

章丘大葱 / 张绍迎主编. —济南:山东大学出版
社,2019.9
　　ISBN 978-7-5607-6461-0

　　Ⅰ.①章…　Ⅱ.①张…　Ⅲ.①葱－蔬菜园艺　Ⅳ.
①S633.1

中国版本图书馆 CIP 数据核字(2019)第 213709 号

责任编辑:李　港
封面设计:牛　钧

出版发行:山东大学出版社
　　　　社　　址　山东省济南市山大南路 20 号
　　　　邮　编　250100
　　　　电　话　市场部(0531)88363008
经　销:新华书店
印　刷:济南华林彩印有限公司
规　格:787 毫米×1092 毫米　1/16
　　　　11.5 印张　261 千字
版　次:2019 年 9 月第 1 版
印　次:2019 年 9 月第 1 次印刷
定　价:50.00 元